WERKSTATTBÜCHER
FÜR BETRIEBSBEAMTE, KONSTRUKTEURE UND FACHARBEITER
HERAUSGEGEBEN VON DR. ING. H. HAAKE, HAMBURG

Jedes Heft 50—70 Seiten stark, mit zahlreichen Textabbildungen

---

Die Werkstattbücher behandeln das Gesamtgebiet der Werkstattstechnik in kurzen selbständigen Einzeldarstellungen; anerkannte Fachleute und tüchtige Praktiker bieten hier das Beste aus ihrem Arbeitsfeld, um ihre Fachgenossen schnell und gründlich in die Betriebspraxis einzuführen.

Die Werkstattbücher stehen wissenschaftlich und betriebstechnisch auf der Höhe, sind dabei aber im besten Sinne gemeinverständlich, so daß alle im Betrieb und auch im Büro Tätigen, vom vorwärtsstrebenden Facharbeiter bis zum leitenden Ingenieur, Nutzen aus ihnen ziehen können.

Indem die Sammlung so den Einzelnen zu fördern sucht, wird sie dem Betrieb als Ganzem nutzen und damit auch der deutschen technischen Arbeit im Wettbewerb der Völker.

Einteilung der bisher erschienenen Hefte nach Fachgebieten

I. Werkstoffe, Hilfsstoffe, Hilfsverfahren   Heft

Das Gußeisen. 2. Aufl. Von Chr. Gilles	19
Einwandfreier Formguß. 2. Aufl. Von E. Kothny	30
Stahl- und Temperguß. 2. Aufl. Von E. Kothny	24
Die Baustähle für den Maschinen- und Fahrzeugbau. Von K. Krekeler	75
Die Werkzeugstähle. Von H. Herbers	50
Nichteisenmetalle I (Kupfer, Messing, Bronze, Rotguß). 2. Aufl. Von R. Hinzmann	45
Nichteisenmetalle II (Leichtmetalle). 2. Aufl. Von R. Hinzmann	53
Härten und Vergüten des Stahles. 5. Aufl. Von H. Herbers	7
Die Praxis der Warmbehandlung des Stahles. 5. Aufl. Von P. Klostermann	8
Elektrowärme in der Eisen- und Metallindustrie. Von O. Wundram	69
Brennhärten. 2. Aufl. Von H. W. Grönegreß. (Im Druck)	89
Die Brennstoffe. Von E. Kothny	32
Öl im Betrieb. 2. Aufl. Von K. Krekeler	48
Farbspritzen. Von R. Klose	49
Rezepte für die Werkstatt. 5. Aufl. Von F. Spitzer	9
Furniere—Sperrholz—Schichtholz I. Von J. Bittner	76
Furniere—Sperrholz—Schichtholz II. Von L. Klotz	77

II. Spangebende Formung

Die Zerspanbarkeit der Werkstoffe. 2. Aufl. Von K. Krekeler	61
Hartmetalle in der Werkstatt. Von F. W. Leier	62
Gewindeschneiden. 5. Aufl. Von O. M. Müller	1
Wechselräderberechnung für Drehbänke. 5. Aufl. Von E. Mayer	4
Bohren. 4. Aufl. Von J. Dinnebier. (Im Druck)	15
Senken und Reiben. 3. Aufl. Von J. Dinnebier	16
Innenräumen. 2. Aufl. Von L. Knoll	26

(Fortsetzung 3. Umschlagseite)

WERKSTATTBÜCHER
FÜR BETRIEBSBEAMTE, KONSTRUKTEURE UND FACH-
ARBEITER. HERAUSGEBER DR.-ING. H. HAAKE, HAMBURG
===== HEFT 71 =====

Die wirtschaftliche Verwendung von Mehrspindelautomaten

Von

Dr.-Ing. **Hans H. Finkelnburg**

Bremen

Zweite, erweiterte Auflage
(7. bis 12. Tausend)

Mit 68 Abbildungen im Text

Springer-Verlag
Berlin/Göttingen/Heidelberg
1949

Inhaltsverzeichnis.

		Seite
I.	Ein- und Mehrspindelautomaten	3
	1. Allgemeines	3
	2. Ein- oder Mehrspindelautomaten	4
	3. Vergleichsrechnung	6
II.	Die Bauarten der Mehrspindelautomaten	8
	4. Einteilung	8
	5. Stangenautomaten	9
	6. Magazinautomaten	10
	7. Halbautomaten	11
III.	Bearbeitungsmöglichkeiten auf Mehrspindelautomaten	14
	8. Die Werkzeugbewegungen	14
	9. Bearbeitungen mit unbeweglichen Werkzeugen	14
	10. Bearbeitungen mit in sich beweglichen Werkzeugen	15
	11. Sonderbearbeitungen	17
IV.	Maschinenauswahl	18
	12. Berücksichtigung der Werkstücke	18
	13. Wirtschaftlichkeit von Sondereinrichtungen	20
	14. Durchrechnung eines Beispiels	22
	15. Ergebnisse der Gegenüberstellung	25
V.	Das Einstellen der Maschinen	25
	16. Werkzeug- und Einstellpläne	25
	17. Winke für den Werkzeugeinsatz	27
	18. Kurvenbestimmung	33
	19. Spanneinrichtungen	34
	20. Durchführung der Einstellung	37
VI.	Arbeitsbeispiele	40
	21. Einstellungen für Stangenautomaten	40
	22. Einstellungen für Magazin- und Halbautomaten	44
VII.	Die Leistung und ihre Berechnung	48
	23. Abhängigkeit der Leistung	48
	24. Berechnung der Haupt- oder Laufzeit	50
	25. Ermittlung der Stückleistung	52
VIII.	Erzielung und Erhaltung der Genauigkeit	54
	26. Die Herstellungsgenauigkeit der Maschine	54
	27. Genauigkeit der Werkzeuge und Einstellung	56

ISBN-13: 978-3-540-01434-8   e-ISBN-13: 978-3-642-86399-8
DOI: 10.1007/ 978-3-642-86399-8

Alle Rechte, insbesondere das der Übersetzung in fremde Sprachen, vorbehalten.

I. Ein- und Mehrspindelautomaten.

1. Allgemeines. Der Wunsch nach selbsttätig arbeitenden Werkzeugmaschinen zur Bewältigung der Aufgaben der *Massenfertigung* besonders in der Automobil- und Armaturenindustrie hat zur Entwicklung von selbsttätigen Drehbänken, sog. Automaten, geführt. Heute sind diese aus keiner Werkstatt mehr fortzudenken und haben ihren Platz neben anderen selbsttätigen Werkzeugmaschinen zum Fräsen, Schleifen, Räumen, Pressen und anderen Arbeitsgängen fest behauptet. Mit der Beschaffung von Automaten ist aber nur der erste Schritt getan. Zu ihrer wirtschaftlichen Ausnutzung gehört die planvolle Behandlung aller Fragen, von der Auswahl der für jedes Werkstück bestgeeigneten Bauart und der Aufstellung eines Werkzeugplanes bis zum Einrichten und Aufrechterhalten des täglichen Betriebes. Denn hierzu ist neben einer guten Maschine, für die der Hersteller zu sorgen hat, eine verständnisvolle Bedienung erforderlich, die sich der Eigenart des Automatenbetriebes und den ganz besonders gelagerten Bearbeitungsarten der Mehrspindelautomaten anzupassen bereit ist. Um die volle Leistung aus einem Mehrspindelautomaten herauszuholen, ist die Verwertung von Erfahrungen unerläßlich, die in jahrelangem Betrieb mit solchen Maschinen gesammelt wurden. Diese erstrecken sich auf die Auswahl der Maschine und Verteilung der Werkstücke auf die bestgeeignete Bauart ebenso wie auf günstige Gestaltung der Arbeitsfolge, richtige Wahl der Schnittgeschwindigkeiten und Vorschübe, günstigen Einsatz besonderer Werkzeuge, und nicht zuletzt auf viele Werkstattkniffe, um die Leistung der Maschinen zu steigern und große Genauigkeit zu erzielen.

Die Kenntnis des *Maschinenaufbaues* wird dabei vorausgesetzt, zumal es hierüber ausführliches Schrifttum gibt. Auch wird zu jedem Automaten meist ein Betriebshandbuch mitgegeben, aus welchem der Aufbau und die getrieblichen Zusammenhänge zu ersehen sind.

Mehrspindelautomaten sind Werkzeugmaschinen, die in Amerika für die selbsttätige Bearbeitung von Drehkörpern entwickelt wurden. An mehreren, in einer

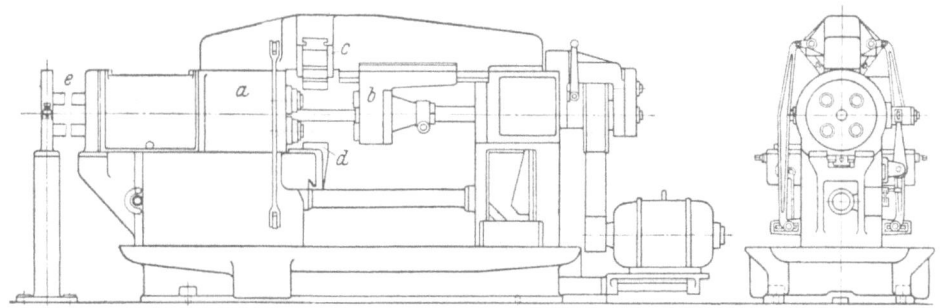

Abb. 1. Mehrspindel-Stangenautomat. *a* Spindelstock; *b* Längsschlitten; *c* obere Querschlitten; *d* untere Querschlitten; *e* Stangenhalter.

walzenförmigen Spindeltrommel um eine Mittelachse angeordneten Arbeitsspindeln (Abb. 1) werden mehrere Werkstücke gleichzeitig von vielen Werkzeugen bearbeitet. Nach Beendigung der Bearbeitung führen die Werkstücke mit der Spindeltrommel

---

Anmerkung: Die erste Auflage dieses Werkstattbuches ist 1939 erschienen.

eine Schaltbewegung zu den nächsten Werkzeugen aus und werden so stufenweise von Spindelstellung zu Spindelstellung fortschreitend fertiggestellt. Dabei wird vor jeder Schaltung ein Werkstück vollständig fertig und von der Werkstoffstange abgestochen bzw. aus der Spanneinrichtung ausgeworfen. Alle Arbeitsgänge von der Zuführung der Werkstoffstangen oder der Rohteile bis zum Abfallen der fertigen Stücke werden selbsttätig ausgeführt, solange genügend Bearbeitungsvorrat da ist. Der Einrichter hat daher an einer im Betrieb befindlichen Maschine nur den störungsfreien Lauf zu beobachten, rechtzeitig neuen Werkstoff heranzuschaffen, Werkstücke und Späne abzufahren und für ausreichende Schmier- und Kühlmittel zu sorgen. Erst wenn durch Abstumpfung der Werkzeuge der Betrieb gestört ist, muß er die Maschine stillsetzen, Stähle nachschleifen und neu einstellen. Bei richtiger Wahl der Schnittgeschwindigkeit tritt die Abstumpfung sehr selten ein, deshalb ist ein Einrichter in der Lage, mehrere Maschinen gleichzeitig zu überwachen.

Die Überlegenheit jedes Automaten gegenüber anderen Werkzeugmaschinen beruht darauf, daß die *Handzeiten* mit ihrer stets veränderlichen Dauer durch selbsttätige Bewegungen ersetzt sind, deren Ablauf in der kürzest überhaupt möglichen Zeit durch entsprechende Einstellung der Steuerung erfolgt. Eine weitere Überlegenheit liegt darin, daß eine größere Anzahl von Werkzeugen *gleichzeitig* an jedem Werkstück arbeiten, so daß auch die Laufzeit wesentlich verkürzt wird. Darüber hinaus werden bei Mehrspindelautomaten mehrere Werkstücke gleichzeitig bearbeitet, wodurch die Maschinenleistung ebenfalls erheblich gesteigert wird.

Durch günstige Unterteilung der einzelnen Arbeitswege läßt sich eine gleichmäßige Beanspruchung der einzelnen Spindelstellungen und dadurch eine *kurze Laufzeit* erreichen. Um die Fertigung auf Mehrspindelautomaten aber wirtschaftlich gestalten zu können, ist eine ausgesprochene Massenfertigung unbedingt erforderlich. Vor jedem Einsatz dieser Maschinen soll deshalb eine genaue Wirtschaftlichkeitsrechnung aufgestellt werden, um vor späteren Enttäuschungen bei der Nachkalkulation gesichert zu sein. Bei einer solchen Rechnung darf nicht allein der gezahlte Lohn berücksichtigt werden, sondern es sind die gesamten Fertigungskosten in Rechnung zu setzen, da die Kosten bei Mehrspindelautomaten mit ihren meist kurzen Stückzeiten sehr wesentlich durch die auf der Maschine ruhenden Lasten für Verzinsung und Amortisation des Anlagekapitals, durch die Werkzeug- und Einstellkosten beeinflußt werden.

2. Ein- oder Mehrspindelautomaten? Wenn durch die große Stückzahl von zu fertigenden Werkstücken und den Wunsch nach selbsttätigen Maschinen zur Einsparung von Arbeitskräften die Wahl auf Automaten gefallen ist, so muß die grundsätzliche Frage geklärt werden, ob Ein- oder Mehrspindelautomaten eingesetzt werden sollen. Eine Beantwortung setzt genaue Kenntnisse beider in ihrer Arbeitsweise verschiedenen Maschinen voraus. Die wichtigsten Merkmale und Unterschiede sollen hier gegenübergestellt werden, um so Richtlinien für eine Auswahl zu geben.

Einspindelautomaten ähneln in Aufbau und Arbeitsweise den *Revolverdrehbänken*, von denen die Entwicklung auch ihren Ausgang genommen hat. Der Unterschied zwischen beiden liegt in den Bewegungen zur Vorbereitung der Arbeitsgänge, die bei Revolverdrehbänken von Hand ausgeführt werden, bei Einspindelautomaten dagegen durch die Steuerungseinrichtung. Art und Anordnung der Werkzeuge sowie die Art der Bearbeitung haben viel Gemeinsames. Die Einrichtezeit eines Einspindelautomaten ist natürlich länger, da außer den Werkzeugen auch die Steuerung dem Werkstück angepaßt werden muß.

Ganz anders ist dagegen die Bearbeitung auf *Mehrspindelautomaten*, bei denen zur Erzielung kurzer Stückzeiten Wegunterteilungen erforderlich werden, so daß der Plan der aufeinanderfolgenden Arbeitsstufen wesentlich verwickelter wird. Dadurch dauert auch das Einrichten viel länger, da für die gleiche Bearbeitung mehr Werkzeuge gebraucht werden und die Werkstücke an mehreren Spindeln berücksichtigt werden müssen. Bei einer Vorberechnung kann man deshalb die $3\cdots4$fache Einstell- oder Rüstzeit annehmen. Dafür wird aber die Stückzeit viel kürzer, und man kann rechnen, daß ein Vierspindelautomat etwa dreimal so viel Teile herstellt wie ein Einspindler. Dann ist noch zu beachten, daß der Anschaffungspreis eines Mehrspindlers wesentlich höher als der eines Einspindlers ist, und zwar kostet ein Vierspindler etwa das $2\cdots4$fache, ein Sechsspindler das $2\frac{1}{2}\cdots5$fache eines Einspindlers. Es ergibt sich damit folgende Gegenüberstellung:

Einspindelautomaten	Mehrspindelautomaten
Geringer Anschaffungspreis	Hoher Anschaffungspreis
Kurze Einrichtezeit	Lange Einrichtezeit
Lange Stückzeit	Kurze Stückzeit

Hieraus folgt schon, daß für kleine und mittlere Reihen der Einspindelautomat wirtschaftlicher arbeiten wird, da dann die Einrichtezeit, auf das einzelne Stück umgelegt, eine größere Rolle spielt, während der Mehrspindelautomat erst für große Serien am Platz ist. Sehr kleine Stückzahlen gehören auch nicht auf den Einspindler, sondern auf die Revolverdrehbank, da diese noch kürzere Einrichtezeiten hat.

Der Begriff der kleinen, mittleren und großen Reihe ist sehr dehnbar, und die Grenzen lassen sich nicht scharf ziehen. Denn es spielen hier der Schwierigkeitsgrad der zu drehenden Formen, die zulässigen Abmaße und die verlangte Oberflächengüte eine wichtige Rolle. Je länger die Stückzeit wird, um so kleiner kann die Stückzahl werden, die auf einem Mehrspindler schon wirtschaftlich wird, da dann die Einrichtezeit im Verhältnis zur Stückzeit eine geringere Rolle spielt. Als Anhaltspunkt kann die Angabe dienen, daß Einspindelautomaten für Reihen von $100\cdots2000$ Stück in Frage kommen, während Mehrspindelautomaten nicht unter 500 Stück eingesetzt werden sollten. Dabei gilt die untere Grenze stets für Teile mit einfachen Formen oder langer Stückzeit, bei denen die Einstellung schnell geht oder keine große Rolle spielt im Verhältnis zur Stückzeit. Eine genaue Grenze zwischen Ein- und Mehrspindelautomat läßt sich für jedes Werkstück durch eine Vergleichsrechnung finden, die im Beispiel (Abschnitt 3) gezeigt wird.

Ein weiterer beachtlicher Unterschied zwischen beiden Automatenarten liegt in den *Arbeitsbereichen*, besonders in der Werkstückgröße, die sich noch bearbeiten läßt bzw. bei der die Bearbeitung noch wirtschaftlich bleibt. Mehrspindler haben stets nur Zweck, wenn eine gewisse Mindestzahl von Werkzeugen erforderlich ist, so daß die Spindelstellungen voll ausgenutzt werden. Ist zur Bearbeitung eines Werkstückes nur eine geringe Anzahl von Werkzeugen erforderlich, so lassen sich solche Teile meist besser auf Einspindelautomaten fertigen, die dafür ohne Revolverkopf zur Verfügung stehen. Ferner ist es schwierig, auf Mehrspindlern sehr kleine Teile zu bearbeiten. Für diese sind hohe Spindeldrehzahlen erforderlich, während die obere Grenze für die kleinsten Mehrspindler bei etwa 4000 U/min liegt, denn die Lagerung der Drehspindeln in einer schaltenden Spindeltrommel macht für die Lagergestaltung und die Versorgung mit ausreichenden Schmiermitteln große Schwierigkeiten. Auch sehr große Werkstücke sind für Mehrspindelautomaten ungeeignet, da der Abstand zweier benachbarter Drehspindeln stets größer als der Werkstückdurchmesser sein muß, damit sich die Teile drehen können. Ein großer

Spindelabstand bedingt aber eine schwere Maschine mit großer, langsam schaltender Spindeltrommel. Man muß also den Vorteil der Bearbeitung großer Werkstücke mit einer teuren, langsam schaltenden Maschine bezahlen, die bei kleineren Werkstücken schnell unwirtschaftlich ist. Besonders große Maschinen werden deshalb nur auf besondere Anforderung gebaut, während man mit den am deutschen Markt befindlichen Maschinen einen größten Drehdruchmesser von etwa 200 mm bearbeiten kann; Einspindelautomaten werden für Werkstücke bis zu 600 mm Durchmesser geliefert. Aus dem Drehdurchmesser ergibt sich der Spindelabstand, aus diesem unter Berücksichtigung der Lager und Spindelmaße, des Spann- und Vorschubrohres der größte Stangendurchmesser, dessen oberste Grenze etwa bei 70 mm liegt. Die Möglichkeit der Bearbeitung größerer Werkstücke, die dann aber von der Stange bereits abgestochen sein müssen, wird später bei den Magazin- und Halbautomaten behandelt.

Die auf Mehrspindelautomaten *erreichbare Drehlänge* ist ebenfalls durch die Bauart beschränkt. Denn alle Werkzeuge müssen so weit zurückgeführt werden, daß die Werkstücke mit der Spindeltrommel die Schaltung ausführen können, ohne irgendwie behindert zu sein. Um zu lange Maschinen zu vermeiden, begnügt man sich deshalb mit Drehlängen von 150···200 mm und überläßt die selten vorkommenden längeren Teile den Einspindelautomaten, die in Sonderausführung als Langdrehautomaten gebaut werden. In besonderen Fällen lassen sich aber durch Kunstgriffe, die später beschrieben werden, auch Werkstücke bearbeiten, die länger als die zulässige Drehlänge sind.

Es ergeben sich damit etwa folgende Arbeitsbereiche für Mehrspindelautomaten:

Drehdurchmesser · · · 10···200 mm
Stangendurchmesser · · 10··· 70 mm
Drehlänge · · · · · · bis 200 mm
Spindeldrehzahlen · · bis 4000 U/min

Werkstücke mit anderen Abmessungen werden zweckmäßig auf anderen Maschinen bearbeitet.

3. Vergleichsrechnung. An einem Beispiel soll gezeigt werden, wie man die Wirtschaftlichkeitsgrenze zwischen Ein- und Mehrspindelautomaten berechnet. Es soll eine Sondersechskantschraube gedreht werden, und zwar einmal auf einem Einspindler und zum Vergleich auf einem Fünfspindler[1]. Abb. 2 zeigt die Arbeitsfolge bei dem Einspindler, die außer dem Stangenvorschub nur zwei Arbeitsgänge hat, nämlich Zapfen andrehen und Kopf formen in der ersten Stufe und Gewinde schneiden, rändeln und abstechen in der nächsten Stufe. Diese beiden Arbeitsgänge werden bei dem Fünfspindelautomat, bei dem die Stange während der Nebenzeit vorgeschoben

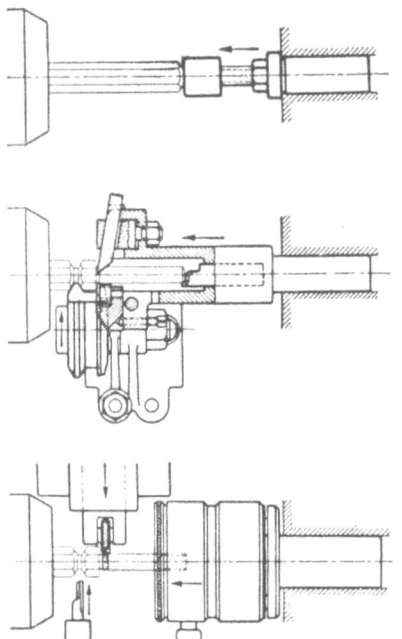

Abb. 2. Herstellung einer Sonder-Sechskantschraube auf einem Einspindelautomaten.
1. Arbeitsgang: Werkstoff bis zum Anschlag vorschieben.
2. Arbeitsgang: Schaft auf ganze Länge überdrehen, vordere Kante brechen, Form des Kopfes mit Formscheibenstahl drehen.
3. Arbeitsgang: Schaft rändeln, Gewinde schneiden und abstechen.

---

[1] Es kann ebensogut mit einem Vier- oder Sechsspindler und der dafür in Frage kommenden Zeit gerechnet werden.

Vergleichsrechnung. 7

wird, auf die fünf Spindeln verteilt (Abb. 3), indem der lange Schraubenschaft in drei Absätzen gedreht wird. Auch Rändeln und Gewindeschneiden erfolgt an verschiedenen Spindeln. Für die Vergleichsrechnung werden die Fertigungskosten F

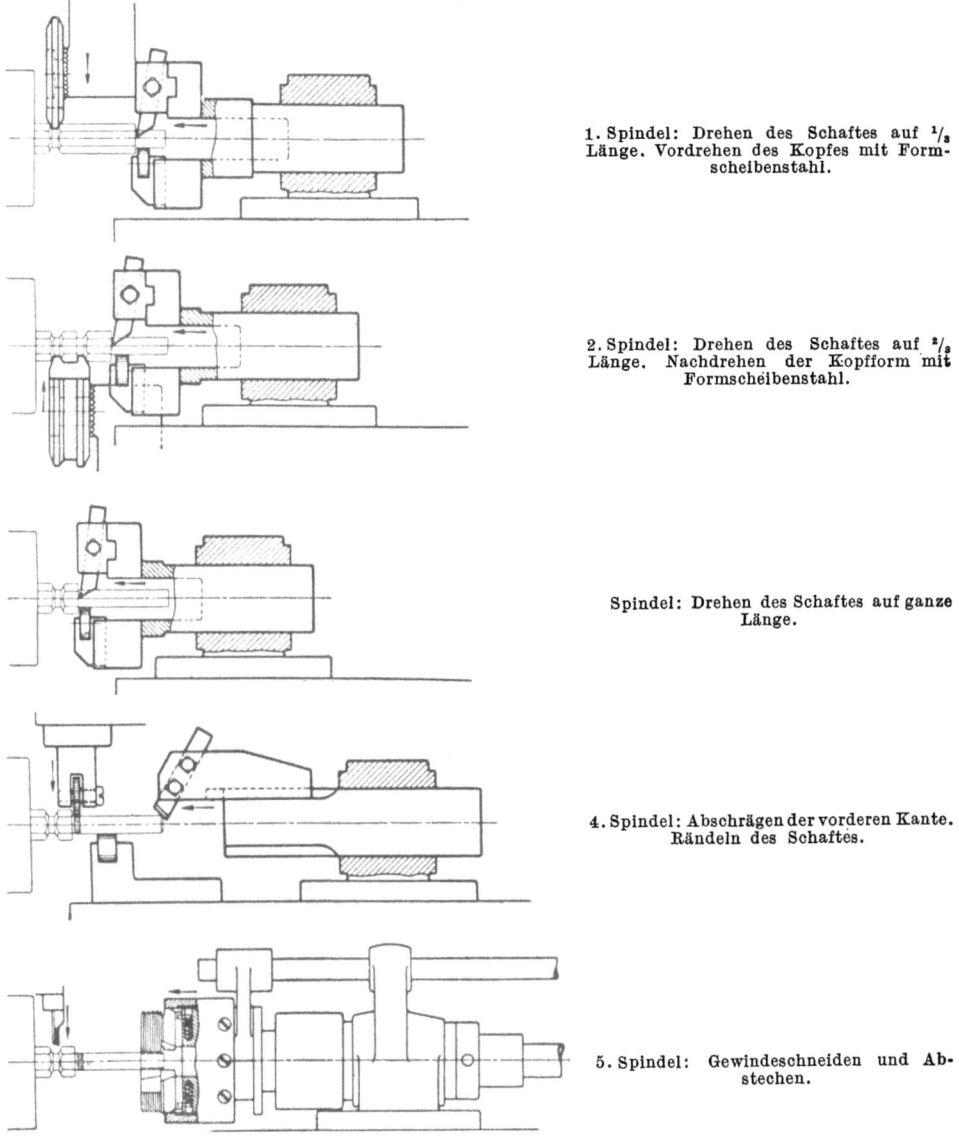

1. Spindel: Drehen des Schaftes auf $1/3$ Länge. Vordrehen des Kopfes mit Formscheibenstahl.

2. Spindel: Drehen des Schaftes auf $2/3$ Länge. Nachdrehen der Kopfform mit Formscheibenstahl.

Spindel: Drehen des Schaftes auf ganze Länge.

4. Spindel: Abschrägen der vorderen Kante. Rändeln des Schaftes.

5. Spindel: Gewindeschneiden und Abstechen.

Abb. 3. Herstellung einer Sonder-Sechskantschraube auf einem Fünfspindelautomaten.

ermittelt, die aus den Arbeitskosten A (Lohn und Unkosten), den Maschinenkapitalkosten K (Zinsen und Abschreibung) und den Werkzeugkosten W bestehen:

$$F = A + K + W. \tag{1}$$

Die Arbeits- und Kapitalkosten stehen in Beziehung zur Arbeitsdauer, bei der die Rüstzeit t_r und die Stückzeit t_{st} zu unterscheiden sind (vgl. Abschn. 23).

Die Anzahl der zu fertigenden Stücke wird mit z bezeichnet, die Zeit in Minuten berechnet. Weiter möge der Anschaffungspreis der Maschine M M und der Verzinsungs- und Abschreibungssatz p % betragen, bezogen auf einen Monat mit 200 Arbeitsstunden. Die Anzahl der durch einen Arbeiter gleichzeitig bedienten Maschinen sei n und der Stundensatz für Lohn- und Unkosten betrage l M, dann kann man folgende beiden Gleichungen aufstellen:

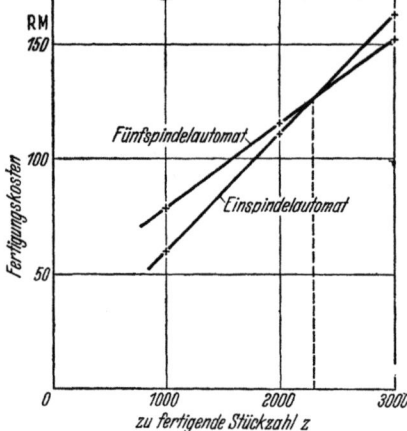

Abb. 4. Ermittelung der Wirtschaftlichkeitsgrenze zwischen Ein- und Mehrspindelautomat.

$$A = \left(t_r + \frac{z\,t_{st}}{n}\right)\frac{l}{60}\ [\text{M}] \qquad (2)$$

$$K = \frac{(t_r + z\,t_{st})\,M\,p}{60 \cdot 200 \cdot 100}\ [\text{M}] \qquad (3)$$

Die Werkzeugkosten sind durch die Bauart der Maschine und die Art des Werkstückes bedingt und daher praktisch von Fall zu Fall festzustellen. Etwaige Unterschiede in der Antriebsleistung der Maschinen dürfen wohl unberücksichtigt bleiben. Für das vorliegende Beispiel seien auch die Werkzeugkosten W außer Betracht gelassen. Die Gegenüberstellung (Tabelle 1 und Abb. 4) zeigt, daß für dieses Werkstück die Wirtschaftlichkeit bei 2000 Stück liegt. Die Grenze liegt sehr hoch, weil das Werkstück einfach zu bearbeiten ist.

Tabelle 1. Vergleichswerte zwischen Ein- und Fünfspindelautomat für die Herstellung einer Sonderschraube (Abb. 2 und 3).[1]

Bezeichnung		Einspindelautomat			Fünfspindelautomat		
Maschinenpreis M	M	9000			27 000		
Abschreibung und Verzinsung p	%	1,7			1,7		
Rüstzeit t_r	min	150			480		
Stückzeit t_{st}	min	2			0,66		
Zugleich bediente Maschinen n		4			3		
Stundensatz l	M	3,00			3,00		
		A	K	$A+K$	A	K	$A+K$
Kosten für $z = 1000$ Stück	M	32,49	27,36	59,85	35,—	43,61	78,61
,, ,, $z = 2000$,,	M	57,60	52,86	110,46	46,—	68,85	114,85
,, ,, $z = 3000$,,	M	82,50	78,36	160,86	57,—	94,10	151,10

II. Die Bauarten der Mehrspindelautomaten.

4. Einteilung. Man unterscheidet die verschiedenen Bauarten der Mehrspindelautomaten nach dem *Zweck*, für den sie entwickelt wurden. Es gibt
 1. Stangenautomaten,
 2. Magazinautomaten,
 3. Halbautomaten mit umlaufenden oder feststehenden Werkstücken.

Bei allen diesen Maschinen führen die Werkstücke die Schaltbewegung aus. Die Eigenarten der verschiedenen Maschinen werden später herausgestellt. Auch in der Spindelzahl sind die verschiedenartigsten Ausführungen bekannt. In Deutschland kommt den Vier- und Sechsspindelautomaten besondere Bedeutung zu, höhere Spindelzahlen gehörten in den Bereich der Sonderfertigung, während kleinere Maschinen, wie etwa Dreispindler, nicht gebaut werden. Die Spindelzahl

---

[1] Die Preisangaben entsprechen nicht der gegenwärtigen Preisgestaltung!

ist von Einfluß auf die Verwendungsmöglichkeit der Maschine, denn je größer die Spindelzahl ist, um so mehr Werkzeuggruppen lassen sich ansetzen. Bei den meisten Maschinen ist jeder Spindel gegenüber eine Aufnahme für Werkzeuge und außerdem ein unabhängig beweglicher Querschlitten vorhanden, so daß die Zahl der Werkzeuggruppen doppelt so groß ist, wie die Spindelzahl. Es steigt die stündliche Leistung eines Automaten mit seiner Spindelzahl, denn je größer diese ist, um so mehr kann jeder Arbeitsgang unterteilt werden, um so kürzer wird also die Laufzeit. Über die Auswahl der günstigsten Spindelzahl und die Wirtschaftlichkeitsgrenze jeder Bauart wird später an Hand von Arbeitsbeispielen gesprochen, denn die Entscheidung ist weitgehend von dem jeweiligen Werkstück abhängig.

Auch die *Spindellage* bzw. Lage der Maschinenhauptachse wird sehr verschieden ausgeführt. Eine wichtige Form ist die waagerechte Maschine, wie sie Abb. 1 zeigt. Diese Ausführung hat eine gute Standfestigkeit, da die Bodenfläche groß ist und der Schwerpunkt niedrig liegt, es ist ein großer Späneraum vorhanden, und die große Wanne bietet Raum für ausreichende Rückkühlung der Kühlflüssigkeit. Der Platzbedarf dieser Ausführung ist aber nicht klein, und man ist deshalb zu senkrechten Maschinen gekommen, die dafür, besonders als Stangenmaschinen, sehr hoch bauen. Dadurch liegt der Schwerpunkt aber hoch, und die Standfestigkeit der Maschine ist geringer. Senkrechte Maschinen werden deshalb bei schweren Arbeiten stets unterlegen sein. Auch bereitet die Behandlung der anfallenden Späne Schwierigkeiten. Arbeiten die Werkzeuge von unten nach oben, wie es bei Stangenautomaten üblich ist, so ist der Spanablauf am Werkstück gut, die Werkzeuge sitzen aber stets voller Späne. Arbeiten die Werkzeuge von oben nach unten, wie es bei senkrechten Halbautomaten der Fall ist, so sind die Werkzeuge sauber, aber das Werkstück sitzt in den Spänen, die besonders aus Bohrungen kaum zu entfernen sind. In den Fragen der Werkzeuggestaltung, der Arbeitspläne und Einstellung bestehen keinerlei Unterschiede, so daß die Beispiele und Hinweise für beide Maschinenarten Gültigkeit haben.

5. Stangenautomaten. Stangenautomaten sind für Werkstücke bestimmt, die aus runden oder profilierten Stangen oder Rohren gedreht werden sollen. Nach der Fertigstellung eines Werkstückes wird dieses an der letzten Spindelstellung selbsttätig abgestochen und der weitere Werkstoff um den nötigen Betrag bis gegen einen Anschlag vorgeschoben. Hierfür wird die Spannpatrone, die Stange gegen Drehung und Längsbewegung festhält, gelüftet und die Stange durch eine sie ebenfalls umfassende Vorschubpatrone vorgeschoben. Dann wird die Spannpatrone wieder geschlossen, und die Bearbeitung des nächsten Werkstückes kann beginnen. Die oft 4···6 m langen Stangen ragen hinten aus der Maschine heraus und müssen abgestützt werden. Sie werden deshalb von Führungsrohren umschlossen, welche die

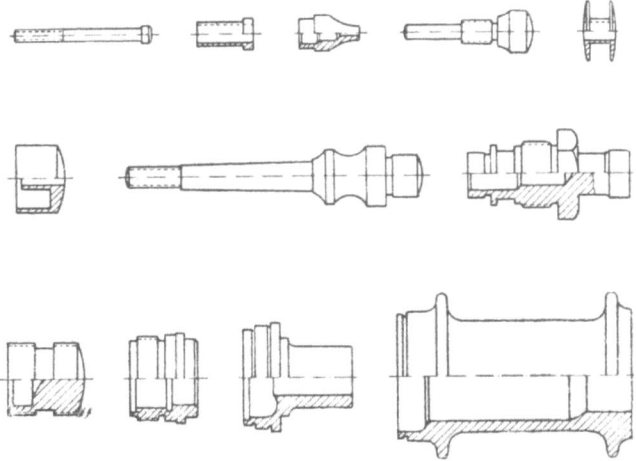

Abb. 5. Werkstücke für Mehrspindel-Stangenautomaten.

Schaltung der Spindeltrommel zwangsläufig mitmachen und dadurch auch die langen Stangenenden mitnehmen. Um zwischen den Führungsrohren und den umlaufenden Stangen keine zu große Geräuschbildung zu erhalten, werden die Rohre mit mitlaufenden Innenrohren ausgebildet oder aber mit lärmmindernden Stoffen ausgefüttert. Die Frage dieser Führungsrohre spielt bei Stangenautomaten für den Betrieb eine große Rolle. Ihre Verbindung mit der Spindeltrommel muß so starr sein, daß stets jedes Führungsrohr mit der Drehspindel genau fluchtet, damit die eingelagerte Stange nicht auf Biegung beansprucht und krumm wird. Das würde zu Klemmungen im Rohstoffvorschub, zu Störungen der Schaltung und anderen Schwierigkeiten führen.

Abb. 5 zeigt einige Arbeitsstücke, die für die Bearbeitung auf Stangenautomaten sehr geeignet sind.

6. Magazinautomaten. Eine Bearbeitung auf Stangenautomaten wird unwirtschaftlich, wenn die Werkstücke starke Durchmesserunterschiede aufweisen, so daß sehr viel Zerspanungsarbeit zu leisten ist. Besonders ungünstig ist es, wenn dabei wertvolle Rohstoffe verarbeitet werden und der Werkstoffverbrauch in keinem Verhältnis zu dem Gewicht des Fertigteiles steht. In solchen Fällen rechtfertigt vielfach schon die Werkstoffersparnis die Herstellung von spanlos vorgeformten Rohteilen, zu deren selbsttätiger Bearbeitung dann ein Magazinautomat zu verwenden ist. Die Rohteile werden in eine ihrer Form angepaßte Aufnahmevorrichtung (Abb. 6) eingelegt und rutschen in dieser der Spannspindel zu.

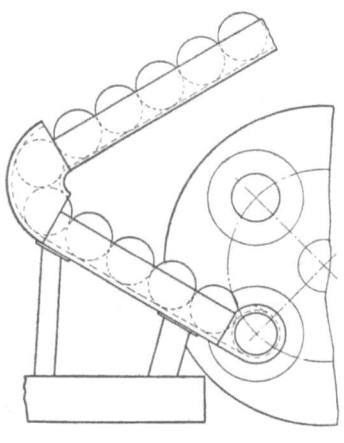

Abb. 6. Wendelrutschenmagazin für runde Werkstücke.

Derartige *Magazine* gibt es in den verschiedenartigsten Ausführungen, und sie werden für jede Werkstückart besonders entwickelt. Es sollen hier nur einige Hauptformen erwähnt werden. Einfache, vorwiegend runde Werkstücke werden in eine Rille oder einen Kanal (Abb. 6) eingelegt, in dem sie durch Gefälle hintereinander zur Spannspindel rutschen. Um eine große Aufnahmefähigkeit einer solchen Rutsche zu erreichen — es sollten stets Werkstücke für mindestens 1···2 Stunden Arbeitszeit Platz im Magazin haben —, kann diese schlangenförmig hin- und hergeführt werden. Andere Werkstücke werden in Löcher oder auf Zapfen von Förderketten gesteckt und an der Spannspindel selbsttätig abgenommen. Wieder andere Teile, besonders Scheiben und Ringe, lassen sich gut auf einer runden Scheibe auflegen, die zusammen mit der Spindeltrommel eine Schaltbewegung macht, so daß die aufliegenden Werkstücke der Reihe nach der Spannspindel zugeführt werden.

Die *Spannelemente* an jeder Werkstückspindel sind der Form der Werkstücke angepaßt. Ist eine Bearbeitung beendet, so öffnet sich die Spanneinrichtung, das fertige Teil fällt aus oder wird ausgestoßen, und das Magazin geht vor die betreffende Spindel. Ein Einstoßer schiebt das vorderste Stück aus dem Magazin in die Spanneinrichtung, die dann geschlossen wird. Die Versorgung der Spindeln mit neuem Material erfolgt also bei Magazinautomaten vollständig selbsttätig. Da das Magazin während des Laufs der Maschine nachgefüllt werden kann, sind die Verlustzeiten der Automaten sehr kurz.

Abb. 7 zeigt einige Werkstücke, die auf Magazinautomaten bearbeitet werden können. Die Bearbeitungsart ist dabei verschieden.

a) Die Rohteile werden mit einem „*verlorenen Kopf*" geliefert, also mit einer Werkstoffzugabe, die für das Werkstück nicht erforderlich ist. Auf diesem verlorenen Kopf wird gespannt und das Teil wie bei einem Stangenautomaten bearbeitet und abgestochen. Abb. 7a zeigt ein solches Teil, der verlorene Kopf ist gestrichelt mitgezeichnet. Beim Öffnen der Spannung wird das Reststück ausgeworfen und ein neuer Rohling eingeführt.

b) Die Rohteile werden in *zwei aufeinanderfolgenden Arbeitsgängen* an zwei Automaten bearbeitet. Beim ersten Arbeitsgang wird das rohe Stück gespannt, und einige Flächen werden gedreht. Auf dem zweiten Automaten wird dann auf einer schon gedrehten Fläche gespannt, so daß die hier bearbeiteten Flächen zu der ersten Spannung laufen. Voraussetzung ist dabei, daß die Spanneinrichtung der zweiten Maschine einwandfrei rund läuft. Ein Arbeitsbeispiel hierfür sind die Kugellagerringe Abb. 7b.

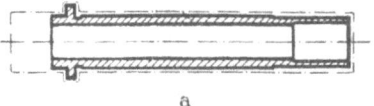

c) Der zur Verarbeitung kommende Rohling enthält *zwei Fertigteile* und eine Zugabe für den Abstich. Zuerst wird auf einem Magazinautomaten der Rohling gespannt und das eine Werkstück bearbeitet. Dann wird auf einem zweiten Magazinautomaten auf dem gedrehten Teil gespannt, das zweite Teil gedreht und abgestochen. Beim Öffnen der Spanneinrichtung fällt dann auch das erste nun fertige Stück aus.

d) Werkstücke, die teilweise *unbearbeitete Flächen* behalten, werden auf diesen gespannt und in einem einzigen Arbeitsgang fertig bearbeitet. Beispiele hierfür zeigt Abb. 7c.

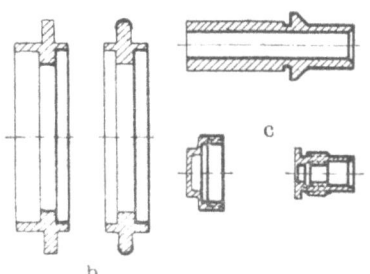

Abb. 7. Werkstücke für Mehrspindel-Magazinautomaten.

a Werkstück an einem verlorenen Kopf gespannt; *b* Werkstück wird in zwei Arbeitsgängen nacheinander bearbeitet; *c* Werkstück wird nur teilweise bearbeitet und auf roh bleibenden Flächen gespannt.

Die *Vorzüge* der Magazinautomaten ergeben sich daraus, daß die vorgeformten Rohteile geringe Übermaße haben, so daß die Bearbeitung gering bleibt. Die schädliche Wirkung der Gußkruste oder des Zunders kann durch Beizen der Rohlinge oder durch kräftiges Abstrahlen vermindert werden. Die geringe Zerspanungsarbeit bedeutet Schonung der Werkzeuge und seltenen Maschinenstillstand zum Nachschärfen, kürzere Arbeitswege und kürzere Stückzeiten, sowie geringe Verlustzeiten durch die Art der Werkstoffzuführung. Auch können auf Magazinautomaten Werkstücke selbsttätig bearbeitet werden, deren Durchmesser größer als die Spindelbohrung ist, so daß man sie nicht unmittelbar von der Stange herstellen kann. Die Stangen werden in diesem Fall auf Länge gesägt und die einzelnen Teile durch ein Magazin zugeführt. Der Arbeitsbereich einer solchen Maschine erweitert sich dadurch sehr, so daß die Wahrscheinlichkeit wirtschaftlicher Einsatzmöglichkeit besonders groß ist.

7. Halbautomaten. Für die Bearbeitung von Werkstücken mit *schwierigen Formen*, die sich nicht in Magazinen zuführen lassen, werden Mehrspindel-Halbautomaten verwendet. Die Werkstücke werden der Spanneinrichtung an den Spindeln von Hand zugeführt, so daß es möglich ist, ihnen im Futter eine ganz bestimmte Lage zu geben, die bei selbsttätiger Zuführung nicht zu erreichen wäre. Derartige Werkstücke sind Guß- und Schmiedestücke verwickelter Form oder mit besonderen Anforderungen an die Art der Spannung oder besonders große oder schwere Werkstücke. Hierher gehören Automotorenkolben, die um den Kolbenbolzen gefaßt werden. Wegen des Handarbeitsganges ist eine regelmäßige Bedienung der Maschine erforderlich, die nur die Bearbeitung selbsttätig ausführt. Die erreichbare Stückzeit kann durch die Spannzeit belastet werden und ist dann nicht genau vorberechenbar, da die Geschicklichkeit und der Ermüdungszustand des Arbeiters den Zeitbedarf beeinflussen. Dieser Arbeitsweise mit teilweisem Handbetrieb verdanken die Maschinen auch ihren Namen Halbautomaten.

Es sind grundsätzlich *zwei Bauarten* zu unterscheiden. Die eine ähnelt den schon beschriebenen Stangen- und Magazinautomaten, da die Werkstücke an den Spindeln gespannt werden und mit diesen die Drehbewegung mitmachen. Bei den anderen Automaten dagegen drehen sich an den Spindeln die Werkzeuggruppen, während die Werkstücke stillstehend an einer die Schaltbewegung ausführenden Trommel gespannt werden. Sie machen außer der Schaltung auch noch die Längsvorschubbewegung. Auf die Bearbeitungsmöglichkeiten auf beiden Maschinen wird noch eingegangen.

Ein wesentlicher Unterschied zwischen beiden Arten Halbautomaten liegt in der *Art der Werkstücke*, die verarbeitet werden können. Wenn diese keine Drehbewegung ausführen, dürfen sie vorstehende Teile haben, die ein Aneinandervorbeidrehen hindern würden. Man kann also bei *feststehenden* Werkstücken *sperrige Gegenstände* spannen und bearbeiten (Abb. 8), wenn sie sich an der Spannplatte unterbringen lassen.

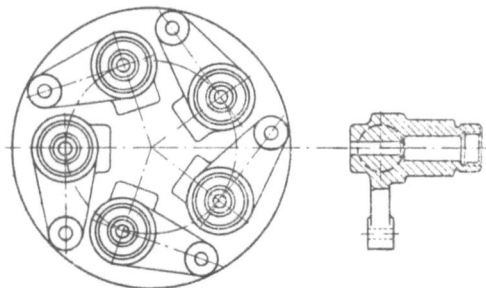

Abb. 8. Anordnung sperriger Hebel an einem Revolverkopf eines Halbautomaten mit feststehenden Werkstücken.

Bei jedem Halbautomaten wird das Werkstück von Hand ein- und ausgespannt. Sind alle Spindelstellungen mit Werkzeugen besetzt, so wird die Maschine mit *umlaufenden* Werkstücken während der Nebenzeit so lange still gesetzt, bis der *Spannvorgang* erledigt ist. Das bedeutet die schon angeführte Verlängerung der Stückzeit um die Spannzeit, die je nach dem Werkstück 5···10 Sekunden dauert. Günstiger ist es, wenn sich die Werkzeuge so verteilen lassen, daß eine Spindelstellung ohne Werkzeuge bleibt. Dann kann man an dieser, während die Werkzeuge im Schnitt stehen, in Ruhe den Spannvorgang erledigen, ohne daß die Stückzeit verlängert wird. Hat das Werkstück eine lange Arbeitszeit von 25 oder mehr Sekunden, die man gerade bei Halbautomaten häufig findet, so lassen sich die Werkzeuge der Spannspindel vielfach so anordnen, daß sie schon nach einem Teil der Arbeitszeit in ihre Ausgangsstellung zurückgehen, damit die restliche Stückzeit für den Spannvorgang zur Verfügung steht. Auch dann hat diese keinen Einfluß auf die Stückzeit. Damit für die Dauer der Spannzeit die Spindeldrehung still gesetzt werden kann, wird die Drehbewegung den Spindeln über je eine *Reibungskupplung* zugeleitet, die selbsttätig an der Spannspindel ausgerückt wird.

Wesentlich einfacher ist der Spannvorgang bei Halbautomaten mit *feststehenden* Werkstücken, da ein Ausschalten einer Drehbewegung entfällt. Dann sind diese Maschinen stets mit einem Spannfutter mehr als Werkzeugspindeln versehen, und zwar meistens mit 5 Spannfuttern bei 4 Werkzeugspindeln. An dem überzähligen Spannfutter, an dem keine Bearbeitung erfolgt, kann beliebig gespannt werden, so daß die Spannzeit innerhalb der Bearbeitungszeit liegt und die Stückzeit nicht beeinflußt.

Nach jedem Arbeitsgang muß die Steuerung eines Halbautomaten diesen *selbst*-

tätig stillsetzen, unabhängig davon, ob die Spannarbeit bereits erledigt ist oder nicht. Es geschieht dies zur Sicherung gegen Unfälle. Wenn ein Spannvorgang durch besondere Umstände unverhältnismäßig lange dauert, weil etwa das Werkstück in der Spanneinrichtung klemmt oder schief eingeführt wurde, so kann diese Verlängerung der Spannzeit genügen, um aus dem Bereich der Hauptzeit in die Nebenzeit mit der Spindeltrommelschaltung zu kommen. Es würde also die Trommel mit den Werkstücken eine Bewegung ausführen, während gleichzeitig daran von Hand gearbeitet wird. Diese Möglichkeit wird ausgeschaltet, wenn die Steuerung sich in jedem Fall stillsetzt. Ist die Spannung bereits ordnungsgemäß erledigt, so wird im Augenblick des Stillsetzens

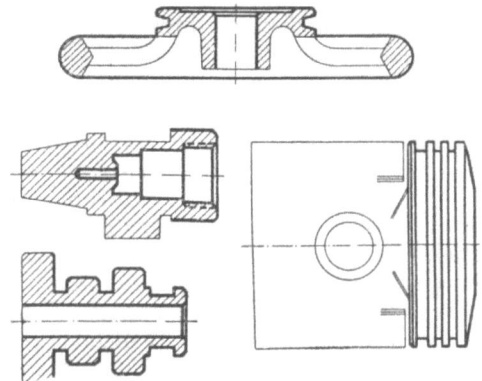

Abb. 9. Werkstücke für Halbautomaten mit umlaufenden Werkstücken.

von Hand die Steuerung wieder eingerückt, so daß kein Zeitverlust entsteht. Ist die Spannung nicht beendet, so kann in Ruhe zu Ende gearbeitet werden, und dann wird erst eingerückt.

Die *Größe der Werkstücke* für Halbautomaten mit umlaufenden Werkstücken richtet sich nach dem Abstand der Drehspindeln voneinander, da die Werkstücke sich nebeneinander drehen müssen. Die Bearbeitungsmöglichkeiten sind dafür aber sehr weitgehend, da ein sich drehendes Werkstück wie auf einer Drehbank durch axial oder radial wirkende Werkzeuge bearbeitet werden kann. Abb. 9 zeigt einige Beispiele für Werkstücke dieser Automaten.

Demgegenüber lassen sich auf Halbautomaten mit feststehenden Werkstücken sehr sperrige Teile drehen, von denen in Abb. 10 einige zusammengestellt sind (vgl. Abb. 8). Die Bearbeitung ähnelt dabei aber mehr derjenigen auf einem Bohrwerk, da die Werkzeuge die Drehbewegung ausführen. Besondere

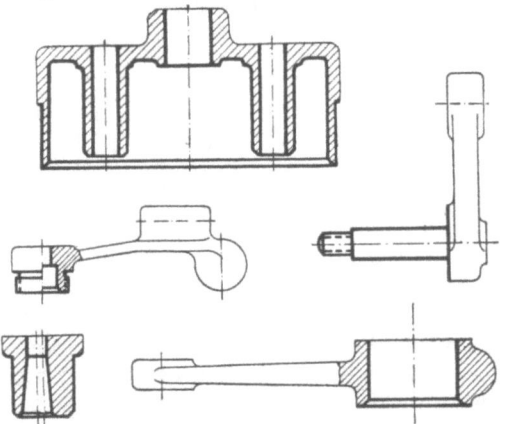

Abb. 10. Werkstücke für Halbautomaten mit feststehenden Werkstücken.

Schwierigkeiten machen dabei alle Planwerkzeuge, da der radiale Weg des Stahles im Werkzeug selbst erreicht werden muß, das sich zudem noch dreht. Es eignen sich deshalb auch für diese Automaten vorwiegend Teile mit Langdreh- und Bohrarbeit, während Planarbeiten tunlichst zu vermeiden oder durch Langdrehstähle auszuführen sind. Im einzelnen wird das bei den Einstellplänen noch behandelt.

Da die Werkzeugspindeln dieser Automaten keine Schaltbewegung ausführen, sondern im Spindelstock fest gelagert sind, können sie ohne große Schwierigkeiten verschieden schnell angetrieben werden; die meisten derartigen Maschinen haben daher auch die Einrichtung dafür, so daß man die *Schnittgeschwindigkeit* jeder einzelnen Werkzeugspindel gut dem eingestellten Drehdurchmesser anpassen kann.

III. Bearbeitungsmöglichkeiten auf Mehrspindelautomaten.

8. Die Werkzeugbewegungen. Die Durchführung von Arbeiten auf Automaten ist abhängig von der Anordnung der Werkzeuge und deren Bewegungsmöglichkeiten. Entsprechend den Werkzeugträgern lassen sich Vorschübe längs und quer zur Werkstückachse ausführen, je nachdem die Werkzeuge auf den Querschlitten oder dem Längsschlitten sitzen. Durch Zusammenfassung beider Bewegungen in einem Werkzeug erreicht man Kegelflächen, in der gleichen Art werden Kurven erzielt. Bei allen diesen Arbeitsgängen ist die Drehgeschwindigkeit der Werkstücke stets gleich. Nur bei sehr großen Halbautomaten lassen sich für die verschiedenen Stellungen der Werkstückspindeln verschiedene Drehgeschwindigkeiten entsprechend den vorzunehmenden Arbeiten einstellen. Ist eine größere oder kleinere Drehgeschwindigkeit erforderlich, wie etwa bei der Gewindeherstellung, so muß das *Werkzeug* auch noch eine *Drehbewegung* ausführen. Dann ist für die Schnittgeschwindigkeit das *Drehzahlverhältnis* zwischen Werkzeug und Werkstück maßgebend. Läßt man also das Werkzeug dem Werkstück entgegendrehend laufen, so ist die nutzbringende Drehzahl die Summe beider. Diese Anordnung wird bei Schnellbohreinrichtungen für sehr kleine Bohrer benutzt. Ist die Werkzeugdrehung der Werkstückdrehung gleichgerichtet, so ist der Unterschied beider maßgebend, man kann also kleine Schnittgeschwindigkeiten für das Gewindeschneiden erreichen. Es kann nun die Werkzeugdrehung noch langsamer oder schneller als das Werkstück sein. Daraus ergibt sich die Möglichkeit, unabhängig von der Drehrichtung des Werkstückes Gewinde mit Rechts- oder Linksgang zu schneiden. Für den Rücklauf wird die Gewindespindel in ihrer Geschwindigkeit dann so geändert, daß das Werkzeug von dem geschnittenen Gewinde wieder abläuft. Tabelle 2 zeigt die verschiedenen Möglichkeiten und die erforderlichen Drehungen der Gewindespindel.

Tebelle 2. **Bewegung der Gewindespindel eines Mehrspindelautomaten bei der Herstellung verschiedener Gewinde.**

Gewinde-richtung	Werkstück-drehrichtung	Gewindespindel dreht sich in Richtung der Werkstücke	
		Schneidgang	Rücklauf
rechts	rechts	langsamer	schneller
links	rechts	schneller	langsamer
rechts	links	schneller	langsamer
links	links	langsamer	schneller

9. Bearbeitungen mit unbeweglichen Werkzeugen. Bei Automaten mit umlaufenden Werkstücken steht dem Spindelstock gegenüber ein längsverschieblicher Schlitten, an welchem für jede Werkstückspindel eine Werkzeuggruppe angesetzt werden kann. Es lassen sich so alle Bearbeitungen ausführen, die durch ein nur *längsbewegliches* Werkzeug erreichbar sind. Als Beispiel zeigt Abb. 11 die Anordnung einer Werkzeuggruppe, bestehend aus einem Spiralbohrer, einem Tangentialstahl mit zwei Gegenrollen zur Aufnahme der Schnittdrücke und zwei Radialstählen zum Nachdrehen und Kantebrechen. An Stelle des Spiralbohrers könnte auch ein Ausdrehstahl, eine Bohrstange mit mehreren Stählen, eine Reibahle oder ein Formbohrer treten.

Zum *Überdrehen* verwendet man bei großen Spanquerschnitten Tangentialstähle, die besonders großen Widerstand gegen starke Schnittdrücke bieten, weil der Schaft nicht auf Biegung beansprucht wird. Damit die Werkstücke unter den großen Schnittdrücken nicht ausweichen, verwendet man Rollengegenführungen, durch welche das Werkstück an drei Punkten abgestützt ist. Für leichte Arbeiten, wie Nachdrehen oder Kantebrechen, verwendet man Radialstähle.

Zu jeder Spindel — bei manchen Bauarten aber nur zu einigen — gehört ein radial beweglicher *Querschlitten*, von dem aus mit Werkzeuggruppen die Außenform des Werkstückes bearbeitet wird. Dabei ist wichtig, daß die einzelnen Querschlitten unabhängig voneinander beweglich sind, so daß hier jede Werkzeuggruppe einen anderen Arbeitsweg haben kann, während alle Werkzeuge am Längsschlitten stets den gleichen Weg machen. Profile an Arbeitsstücken werden durch entsprechend geformte Flach- oder Formscheibenstähle (Abb. 12) erreicht. Ebenso werden einfache Einstiche, Planen der Stirnflächen und Abstiche ausgeführt. Profilflachstähle sind immer da am Platze, wo eine einfache Form

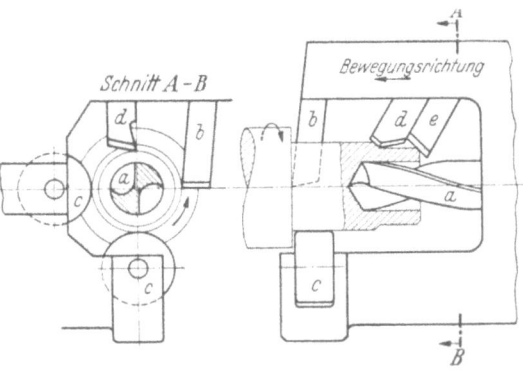

Abb. 11. Werkstückbearbeitung vom Längsschlitten aus. *a* Spiralbohrer; *b* Tangentialstahl; *c* Gegenrollen zum Abstützen des Werkstückes gegen den Tangentialstahl; *d* Radialstahl zum Langdrehen; *e* Radialstahl zum Kantebrechen.

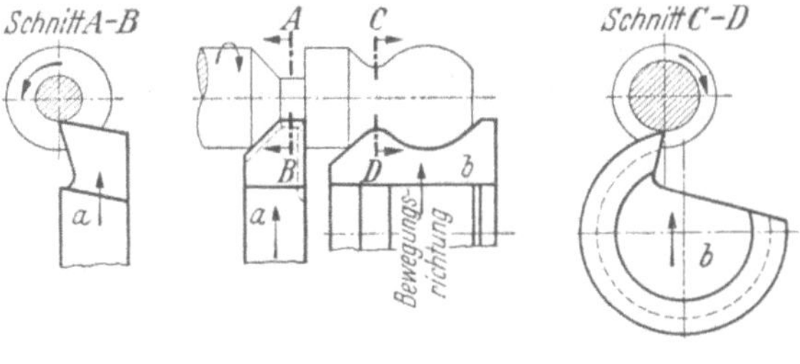

eingestochen wird oder an die Formrichtigkeit keine zu großen Ansprüche gestellt werden. Denn beim Nachschleifen der Stähle hängt die Erhaltung des Profiles von der Geschicklichkeit des Schleifers ab. Man verwendet deshalb für verwickelte Formen mit engen Grenzmaßen, genauen Radien und Winkeln Formscheibenstähle. Diese sind zwar in der Herstellung teuer, behalten aber beim Nachschleifen genau ihr Profil, so daß die Werkzeuginstandhaltung wesentlich vereinfacht und verkürzt wird. Eine besondere Werkzeugform ergibt sich, wenn die gleichen Werkzeugschlitten nacheinander eine Längs- und dann eine Querbewegung ausführen, so daß also mit gleichen Werkzeugen verschiedene Bearbeitungen vorgenommen werden können.

Abb. 12. Werkstückbearbeitung vom Querschlitten aus. *a* Flachstahl für einfache Formen; *b* Formscheibenstahl für schwierige Profile.

10. Bearbeitungen mit in sich beweglichen Werkzeugen. Dreharbeiten in einer *Bohrung*, bei denen der Drehdurchmesser größer als die Bohrungsöffnung ist, werden durch ein Werkzeug ausgeführt, welches in sich beweglich ist. Der Drehstahl wird mit seinem Halter vom Längsschlitten in die Bohrung eingeführt. Er ist aber in seinem Halter noch durch einen Zwischenschieber radial verschiebbar. Der in die Bohrung eingeführte Stahl wird also vom Querschlitten aus radial bewegt, so daß die gewünschte Innenform gedreht wird. Wenn das Werkzeug nach der Einführung in die Bohrung keine Längsbewegung mehr ausführt, so wird ein *Einstich* gedreht (Abb. 13), wie er für Gewindefreistiche erforderlich ist. Wird der Stahl dagegen in der Bohrung auch weiter noch vom Längsschlitten mitgenommen (Abb. 14), so dreht er eine *Aussparung*, wie sie z. B. zwischen zwei Kugellagersitzen gebraucht wird.

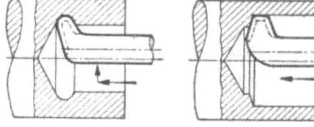

Abb. 13. Gewindefreistich in einer Bohrung. Abb. 14. Ausdrehung in einer Bohrung.

Ähnliche Arbeiten lassen sich an der *Außenseite* eines Werkstückes ausführen. Wenn ein Einstich hinter einem Bund gedreht werden soll, der zu breit ist, um mit einem Formmesser eingestochen zu werden, so benutzt man einen Langdrehschlitten, welcher auf den Querschlitten gesetzt wird und die Drehstähle trägt. Diese werden durch die Bewegung des Querschlittens hinter dem Bund auf die erforderliche Tiefe gebracht und dann vom Längsschlitten aus axial bewegt (Abb. 15). Für lange Ausdrehungen werden dabei zwei oder mehr Langdrehstähle angesetzt.

Läßt man auf einen solchen Stahl außer der Längsschlittenbewegung auch noch die Querschlittenbewegung wirken, so wird eine *Kegelfläche* gedreht, deren Steigung von dem Verhältnis des Längs- zum Quervorschub abhängt. Wird dieses Verhältnis durch eine Sonder-Querschlittenkurve veränderlich, so entsteht eine *Kurvenfläche* an dem Werkstück. Der Langdrehschlitten kann auch so umgestaltet werden, daß von einem Lineal eine vorgeschriebene Kurve auf das Werkstück kopiert wird (Abb. 16). Es lassen sich also mit dieser Bearbeitung die verschiedenartigsten Ergebnisse erzielen.

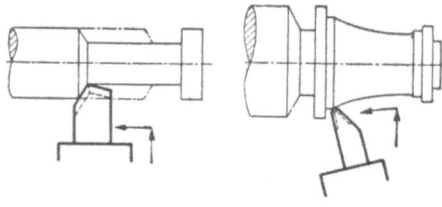

Abb. 15. Einfache zylindrische Ausdrehung hinter einem Band durch längsbeweglichen Stahl.

Abb. 16. Kurvenausdrehung hinter einem Bund durch Kopierwerkzeug mit Längsbewegung.

Bei Automaten mit *feststehenden Werkstücken* und umlaufenden Werkzeugen werden alle Längsbearbeitungen genau so ausgeführt. Wesentlich schwieriger wird dagegen die Bearbeitung mit radialem Vorschub, also vor allem jede Planbearbeitung, da die Anordnung von Querschlitten bei stehenden Werkstücken nicht möglich ist. Alle Radialbewegungen von Werkzeugen müssen durch Umformung einer Längsbewegung im Werkzeug selbst erreicht werden. Bei diesen Automaten spielen deshalb die Werkzeuge, die in sich beweglich sind, eine ganz besondere Rolle. Die Entwicklung solcher Werkzeuge ist aber so weit vorgeschritten, daß alle bisher beschriebenen Arbeitsgänge auch ausgeführt werden können.

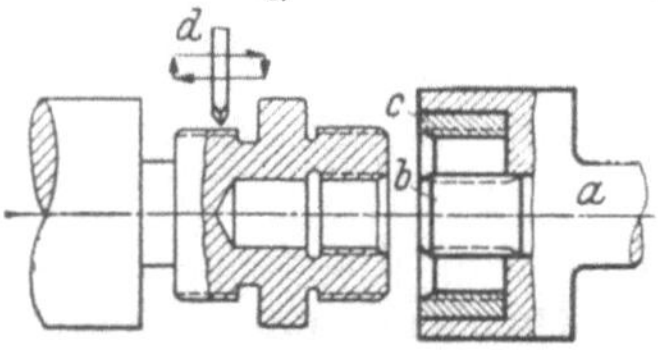

Bei fast allen Werkstücken ist die *Herstellung von Gewinden* nötig. Über die dazu erforderliche Bewegung der Gewindespindel wurde schon gesprochen (Abschnitt 8). Einfacher ist die Anordnung bei feststehenden Werkstücken, da dann eine der Werkzeugspindeln als Gewindespindel langsam läuft und nach der Erreichung der Gewindelänge in die entgegengesetzte Drehbewegung umgesteuert wird. Als Gewindewerkzeuge kommen Gewindebohrer, Schneideisen und selbstöffnende Schneidköpfe vor. Allerdings setzen diese Werkzeuge voraus, daß das Gewinde vom Längsschlitten aus erreichbar ist, da hinter einem Bund damit nicht geschnitten werden kann.

Abb. 17. Gewindeherstellung. Halter *a* mit Gewindebohrer *b* und Schneideisen *c* für gleichzeitigen Schnitt; *d* Gewindestrehler.

Sobald ein solches Gewindewerkzeug angeschnitten hat, zieht es sich selbsttätig auf das Werkstück. Sollen *mehrere Gewinde* gleicher Steigung geschnitten werden, so werden beide Werkzeuge in einem Halter vereinigt, wie beispielsweise in Abb. 17 ein Gewindebohrer und ein Schneideisen.

Für Gewinde *hinter einem Bund*, für *mehrgängige* oder *sehr steile* Gewinde verwendet man eine Gewindestrehleinrichtung, die auf dem Querschlitten sitzt und so auch Gewinde hinter einem Bund erreicht. Als Werkzeug kann ein Flach- oder Rundstrehler eingesetzt werden. Durch gleichzeitiges Zusammenwirken einer Strehleinrichtung mit einer Gewindespindel lassen sich in einem Arbeitsgang sogar drei Gewinde fertigen (Abb. 17).

Die zuerst beschriebenen axial wirkenden Gewindewerkzeuge werden in gleicher Weise auch bei feststehenden Werkstücken benutzt. Dagegen ist bei diesen eine Strehleinrichtung nicht verwendbar, weil der Querschlitten fehlt. Bei dieser Automatenart lassen sich also nicht alle Gewinde herstellen.

11. Sonderbearbeitungen. Die Bearbeitungsmöglichkeiten auf einem Mehrspindelautomaten sind mit den aufgezählten Arbeiten lange nicht erschöpft. Es lassen sich vielmehr Bearbeitungen vornehmen, die eine besondere Werkzeugmaschine ersparen, worin vielfach eine Überlegenheit des Automaten liegen kann. Aus der großen Zahl der Möglichkeiten seien einige herausgegriffen und kurz beschrieben.

Bohrungen außerhalb der Drehachse, beispielsweise vier Löcher in der Stirnfläche eines Werkstückes (Abb. 18), werden mit einem Mehrlochbohrkopf gebohrt. Bei umlaufenden Werkstücken muß sich der Bohrkopf hierfür mit der gleichen Geschwindigkeit wie das Werkstück drehen, damit keine gegenseitige Verdrehung zwischen Werkstück und Bohrkopf stattfindet, die die kleinen Bohrer abbrechen würde. Einfacher ist die gleiche Arbeit bei feststehenden Werkstücken, da dann der Bohrkopf auch feststehen kann, so daß sich nur die kleinen Bohrer drehen.

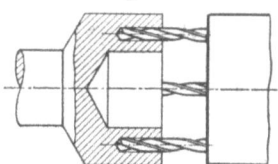

Abb. 18. Bohren von vier Bohrungen in die Stirnfläche eines Werkstückes.

Soll ein Werkstück mit einer *Querbohrung* versehen werden (Abb. 19), so kann dies nur auf Automaten mit feststehenden Stücken gemacht werden, denn eine Drehbewegung mit gleichzeitigem radialen Vorschub innerhalb eines umlaufenden Werkzeuges ist wegen des beschränkten Durchmessers kaum ausführbar. Bei feststehenden Teilen wird dagegen der Bohrapparat auf dem Längsschlitten aufgesetzt, so daß er sich beim Schlittenvorschub mit vorschiebt und seine Stellung zu dem Werkstück nicht verändert. Gleichzeitig führt er die radiale Vorschubbewegung aus.

Die *Stirnfläche* eines Werkstückes kann auch *kurvenförmig* gedreht werden, wenn der Stahl eine hin- und hergehende Bewegung ausführt. Wenn dies wegen großer Drehgeschwindigkeiten des Werkstückes zu großen Beschleunigungskräften am Stahl und dadurch zu schneller Abnutzung führt, so kann das Werkzeug mit dem Werkstück gleichsinnig umlaufend ausgebildet werden, so daß für die hin- und hergehende Bewegung nur die Drehung zwischen Werkzeug und Werkstück maßgebend ist, die klein gehalten wird. Auf diesem Wege konnten mit dieser Einrichtung sehr gute Betriebsergebnisse erzielt werden.

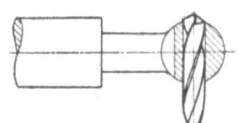

Abb. 19. Bohren einer Bohrung quer zur Drehachse.

Exzentrische Teile lassen sich auf allen Mehrspindelautomaten drehen. Bei umlaufenden Werkstücken werden diese in der Spanneinrichtung exzentrisch gespannt. Es muß besonders bei Stangenautomaten für Massenausgleich gesorgt werden, da die langen Materialstangen mit ihrer großen Masse unerwünschte Schwingungen auslösen können. Um dies zu vermeiden, werden Spannzange, Vor-

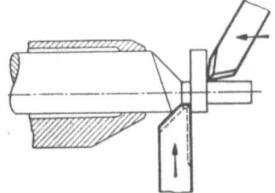

Abb. 20. Exzentrische Aufspannung einer Materialstange auf einem Stangenautomaten.

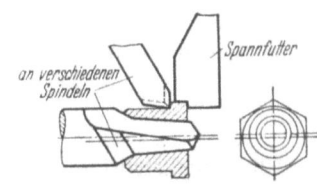

Abb. 21. Exzentrische Bearbeitung auf einem Halbautomaten mit feststehenden Werkstücken.

schubrohr und Führungsrohre exzentrisch gebohrt, so daß die umlaufenden Massen einigermaßen ausgeglichen sind. Es lassen sich aber nur Dreharbeiten konzentrisch zur Drehachse ausführen, da die Werkzeuge ja still stehen oder sich um eine mit dem Werkstück fluchtende Achse drehen. Wie Abb. 20 erkennen läßt, liegen diese Drehflächen lediglich exzentrisch zu den Spanndurchmessern. Bei Automaten mit feststehenden Werkstücken lassen sich dagegen am gleichen Werkstück Bearbeitungen zu verschiedenen Achsen durchführen, da die Werkstücke still stehen und die Achse der umlaufenden Werkzeuge exzentrisch gerückt werden kann. Abb. 21 zeigt, daß der Arbeitsumfang an diesen Automaten daher wesentlich größer ist, da sich Werkstücke vollständig fertig bearbeiten lassen.

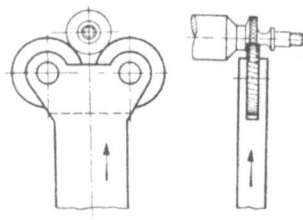

Abb. 22. Kordeln oder Rändeln vom Querschlitten aus.

Kordelungen, Beschriftungen auf dem Werkstückumfang und ähnliche Arbeiten lassen sich vom Längs- oder Querschlitten aus machen. Wegen der dabei auftretenden starken Belastungen des Werkstückes auf Verbiegen werden sie hier als Sonderbearbeitung behandelt, zumal in jedem Fall geprüft werden muß, ob Werkstoff und Einwalzdruck für die Automatenarbeit geeignet sind. Bei der Querbearbeitung (Abb. 22) gibt man dem Kordelrad etwa den gleichen Vorschub wie einem Formmesser, da er unabhängig von den Maßen des Kordelrädchens ist. Günstig ist es, im Augenblick der ersten Werkstückberührung für einige Umdrehungen den Vorschub auszusetzen und dann erst weiter vorzuschieben, damit die Form sicher aufgeprägt wird. Die hierfür verwendete Querschlittenkurve ist dadurch eine Sonderkurve, die nur für das betreffende Werkstück verwendet werden kann. Tabelle 3 zeigt einige übliche Teilungen, Zahnwinkel und Zahntiefen für Kordelrädchen.

Tabelle 3. **Bemessung von Kordelrädchen für Mehrspindelautomaten in mm.**

Teilung des Kordelrädchens	Zahntiefe bei einem Spitzenwinkel von	
	90° für Messing	60° für Stahl
1,5	0,75	1,29
1,25	0,63	1,08
1,00	0,5	0,86
0,75	0,38	0,65
0,5	0,25	0,43

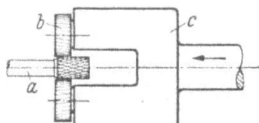

Abb. 23. Kordeln oder Rändeln vom Längsschlitten aus.

Bei *Arbeiten längs der Drehachse*, besonders für die Kordelung längerer Flächen (Abb. 23), verwendet man stets zwei Kordelrädchen auf entgegengesetzten Seiten des Werkstückes, so daß die Drücke sich teilweise gegenseitig aufheben. Bei Kreuzkordelung arbeitet dann jedes Rädchen in eine eigene Zahnlücke, weswegen der Vorschub kleiner als bei Schrägkordelung sein muß, bei der jedes Rädchen nur die halbe Arbeit leistet.

Neben diesen Arbeiten lassen sich auch *Zusatzeinrichtungen* anwenden, welche das fertige Werkstück abgreifen und vor dem Auswerfen an Fräsern, Sägen oder anderen Werkzeugen vorbeiführen, so daß Schlüsselflächen oder Schlitze gefräst werden oder die Abstichseite fertiggestellt wird. Die Wirtschaftlichkeit dieser Einrichtungen muß stets genauestens überprüft werden.

IV. Maschinenauswahl.

12. Berücksichtigung der Werkstücke. Soll für die Fertigung eines bestimmten Werkstückes ein Mehrspindelautomat beschafft werden, oder wird er unter vorhandenen Maschinen ausgesucht, so sind die verschiedensten Gesichtspunkte zu berücksichtigen. Dabei wird es vielfach nicht möglich sein, die günstigste Maschine zu nehmen, da andere Werkstücke zu berücksichtigen sind oder die günstigste Maschine im Maschinenpark nicht vorhanden ist. Bei der Auswahl ist sehr wesentlich, ob mit einer späteren Änderung des Werkstückes zu rechnen ist, durch welche die Hauptmaße beeinflußt werden. Ist das nicht der Fall, dann braucht keine Reserve in die Arbeitsbereiche gelegt zu werden. Ist dagegen mit Änderungen zu rechnen, oder steht das eine Werkstück nicht in genügender Menge zur Verfügung, um einen Automaten voll zu beschäftigen, so daß weitere Stücke hinzugenommen werden müssen, so wird die Auswahl schwieriger. Die einzelnen Möglichkeiten werden eingehend erörtert.

Verlangen die vorgesehenen Werkstücke *verschiedene Maschinenarten*, also teilweise Stangen- und teilweise Magazinautomaten, so wird man praktisch auf die Stangenarbeit ganz verzichten und alle Teile aus Magazinen zuführen. Die Stangen werden dazu in Scheiben oder auf Länge gesägt. Hierdurch wird jeder Maschinenumbau vermieden, der stets viel Zeit in Anspruch nimmt. Sind dagegen die Fertigungsreihen jedes einzelnen Teiles so groß, daß die Umstellung der Maschine nur selten, höchstens monatlich einmal erfolgen muß, so kann die Zeitersparnis bei Verwendung einer Stangenmaschine größer sein als der Verlust durch den Umbau von der Stangen- in die Magazinmaschine.

In diesem Zusammenhang ist zu überprüfen, ob der *Rohzustand des Teiles* günstig ist. Oft kann man Teile, die aus Stangen geschruppt werden sollen, gut als Gesenkteile ausbilden und spanlos vorformen. Dabei erspart man Werkstoff, die Bearbeitung geht wegen der geringeren Zugaben schneller, der Werkzeugverbrauch ist kleiner und die Verlustzeit der Maschine ebenfalls kleiner, weil der Zeitverbrauch für das Einführen neuer Stangen in Fortfall kommt. Betriebserfahrungen haben bewiesen, daß selbst bei Werkstücken wie Fahrradteilen, die zunächst unbedingt als Stangenarbeit angesprochen werden, durch den Übergang zu Gesenkteilen erhebliche Kosten gespart werden konnten. Allerdings setzt dies ausreichend große Reihen voraus, die eine Abschreibung der Gesenk- und Unterbaukosten ermöglichen.

Sollen *mehrere verschiedene Werkstücke* bearbeitet werden, die von Hand in die Spanneinrichtung eingelegt werden müssen, so können Maschinen mit umlaufenden oder feststehenden Spanneinrichtungen verwendet werden. Wenn sich unter den Werkstücken einige befinden, die wegen sperriger Form nicht umlaufend aufgenommen werden können, so wählt man die Maschine mit feststehenden Werkstücken und wird auf dieser *alle* Stücke bearbeiten. Berücksichtigt man die hier gezeigten Richtlinien, so wird man in jedem Fall eine geeignete Maschine auswählen.

Wichtig ist aber noch die Wahl der *geeigneten Spindelzahl*, die zwischen 4 und 6 bei den verschiedenen Bauarten zu finden ist. Bei einer großen Spindelzahl ist eine weitgehende Unterteilung der Arbeitsgänge möglich. Dadurch können die Werkzeugsätze so einfach werden, daß ihre Herstellung nicht teurer, ein gelegentliches Nachschleifen aber billiger wird, da es weniger Zeit erfordert. Auch für besondere Bearbeitungen ist eine große Spindelzahl wertvoll, wenn etwa eine Maschine als doppelter Dreispindler eingesetzt werden soll, wie es später noch beschrieben wird. Die Anwendung von Spindelzahlen größer als vier ist deshalb in nachstehenden Fällen angebracht.

a) Bei der Bearbeitung von Teilen, bei denen durch weitgehende Unterteilung der Arbeitsgänge die *Arbeitszeit verkürzt* wird.

b) Bei der Bearbeitung von Teilen, bei denen durch mehrfaches Unterteilen der Arbeitsgänge die *Werkzeuge einfacher* und dadurch billiger werden.

c) Bei der Bearbeitung von Teilen, bei denen *vier* Spindeln für alle Arbeitsgänge *nicht ausreichen*.

d) Bei der Bearbeitung von Teilen, die sich mit weniger als vier Spindeln herstellen lassen, so daß eine Maschine mit sechs Spindeln als *doppelter Dreispindler* eingesetzt werden kann.

Als *Beispiel* für die Verkürzung der Arbeitszeit und Vereinfachung des Werkzeugsatzes durch Übergang von einem Vierspindler auf einen Sechsspindler wird

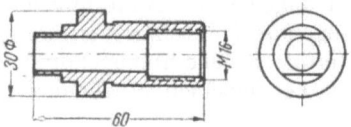

Abb. 24. Gewindestück.

die Herstellung eines Gewindestückes Abb. 24 behandelt. Bei dem *Vierspindler* (Abb. 25) muß die Bohrung in einem Arbeitsgang gebohrt werden, da die anderen Spindeln mit Werkzeugen für andere Innenbearbeitung besetzt sind. Der Spiralbohrer der ersten Spindel muß deshalb abgesetzt sein, seine Herstellung und Instandhaltung ist dadurch teuer und schwierig.

Wird das gleiche Stück auf einem *Sechsspindelautomaten* hergestellt (Abb. 26), so stehen für die Ausführung der Bohrung die ersten drei Spindeln zur Verfügung, für die weitere Innenbearbeitung die letzten drei. Die Bohrung kann also dreimal unterteilt gebohrt werden, jeder Bohrerweg wird dadurch kurz, und es lassen sich gewöhnliche Spiralbohrer verwenden, die auf jeder Spiralbohrerschleifmaschine in

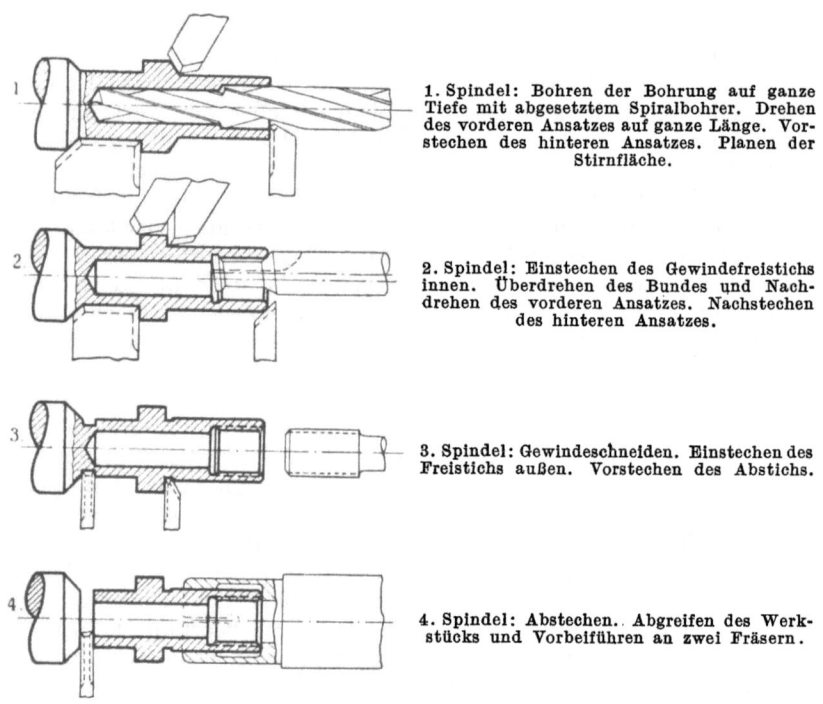

Abb. 25. Bearbeitung eines Gewindestückes auf einem Vierspindelautomaten mit Gewindeschneid- und Fräseinrichtung.

kürzester Zeit nachzuschleifen sind. Der Sechsspindler bringt also den einfacheren Werkzeugsatz ohne abgesetzte Bohrer und mit kürzeren Arbeitswegen, so daß seine Wirtschaftlichkeit stets sichergestellt ist, wenn die Zahl der Werkstücke zur vollen Ausnutzung der Maschine ausreicht.

13. Wirtschaftlichkeit von Sondereinrichtungen. Die Verwendung von Sondereinrichtungen für Bearbeitungsaufgaben der schon geschilderten Art setzt stets voraus, daß hierfür eine Spindelstellung zur Verfügung gestellt werden kann. Sie ist also eine Frage der Wegunterteilung, bringt längere Wege und längere Stückzeiten und vielfach schwierigere Werkzeugsätze, da der ganze Bearbeitungsumfang auf weniger Werkzeuggruppen verteilt wird. Die längere Arbeitszeit bleibt ohne Einfluß, wenn die Maschine nicht voll belegt ist, so daß sie trotz der Stückzeitverlängerung die anfallenden Arbeiten bewältigt. Bei voll ausgenutzter Maschine dagegen würde es die Beschaffung einer zweiten Maschine bedeuten, damit trotz

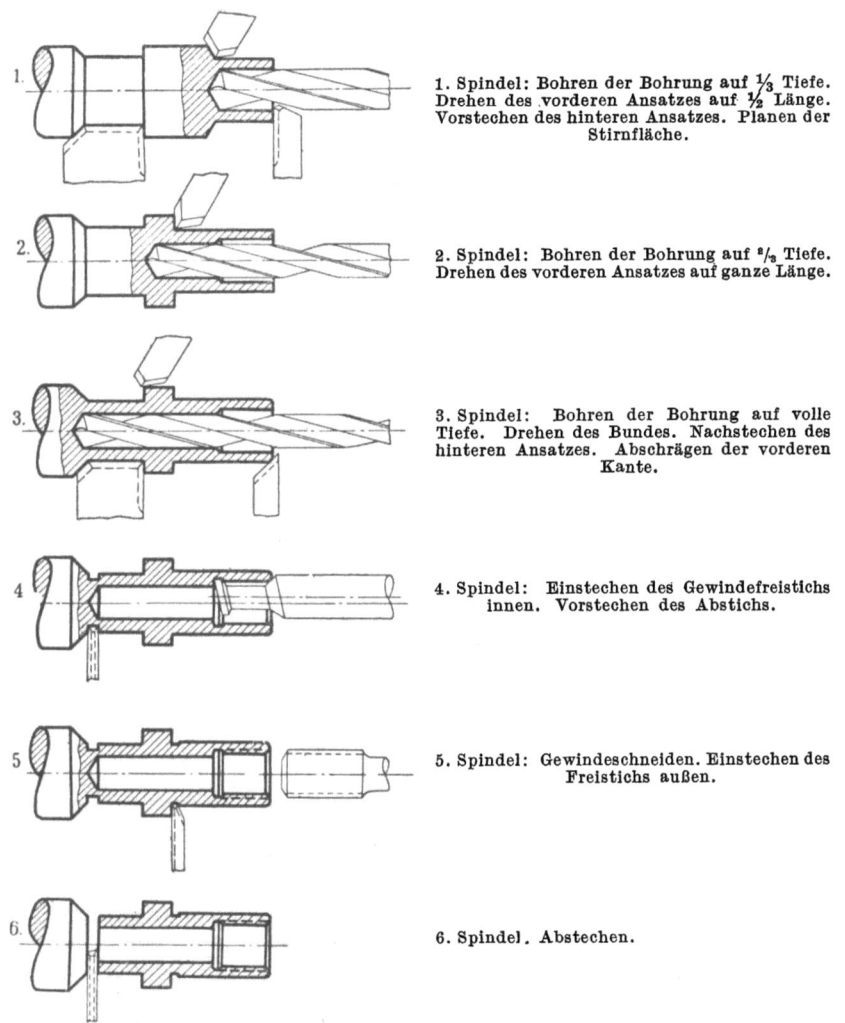

1. Spindel: Bohren der Bohrung auf $\frac{1}{3}$ Tiefe. Drehen des vorderen Ansatzes auf $\frac{1}{2}$ Länge. Vorstechen des hinteren Ansatzes. Planen der Stirnfläche.

2. Spindel: Bohren der Bohrung auf $\frac{2}{3}$ Tiefe. Drehen des vorderen Ansatzes auf ganze Länge.

3. Spindel: Bohren der Bohrung auf volle Tiefe. Drehen des Bundes. Nachstechen des hinteren Ansatzes. Abschrägen der vorderen Kante.

4. Spindel: Einstechen des Gewindefreistichs innen. Vorstechen des Abstichs.

5. Spindel: Gewindeschneiden. Einstechen des Freistichs außen.

6. Spindel. Abstechen.

Abb. 26. Bearbeitung eines Gewindestückes auf einem Sechsspindelautomaten mit Gewindeschneideinrichtung. Die Schlüsselfläche wird in Sonderarbeitsgang auf einer einfachen Fräsmaschine hergestellt.

längerer Laufzeit alle Arbeit geschafft wird. Bedenkt man weiter, daß ein Werkzeugsatz mit solchen Sonderwerkzeugen sehr teuer ist, daß die Einstellung erhöhte Schwierigkeiten macht und dadurch auch länger dauert, und daß durch die teilweise in sich beweglichen Werkzeuge, wie beispielsweise eine Fräseinrichtung mit Abgreifer, eine größere Gefahr eines Versagers und zeitweiligen Ausfallens der Maschine besteht, so erkennt man, wie vorsichtig man bei der Planung vorgehen muß. Es kann auch leicht vorkommen, daß ein solches Werkzeug für ein bestimmtes Teil entwickelt wurde und nur für dieses verwendbar ist, so daß es bei einer Werkstückänderung unbrauchbar wird.

In jedem einzelnen Fall muß durch eine *Wirtschaftlichkeitsrechnung* geprüft werden, wie der Mehrspindelautomat am praktischsten eingesetzt wird und welche Spindelzahl er haben soll. Dabei ist auch zu untersuchen, ob Gewinde, außermittige Bohrungen, Flächen, Schlitze und ähnliche Bearbeitungen vorzusehen sind, oder ob man damit besser auf andere Maschinen geht. Denn je größer der Bearbeitungs-

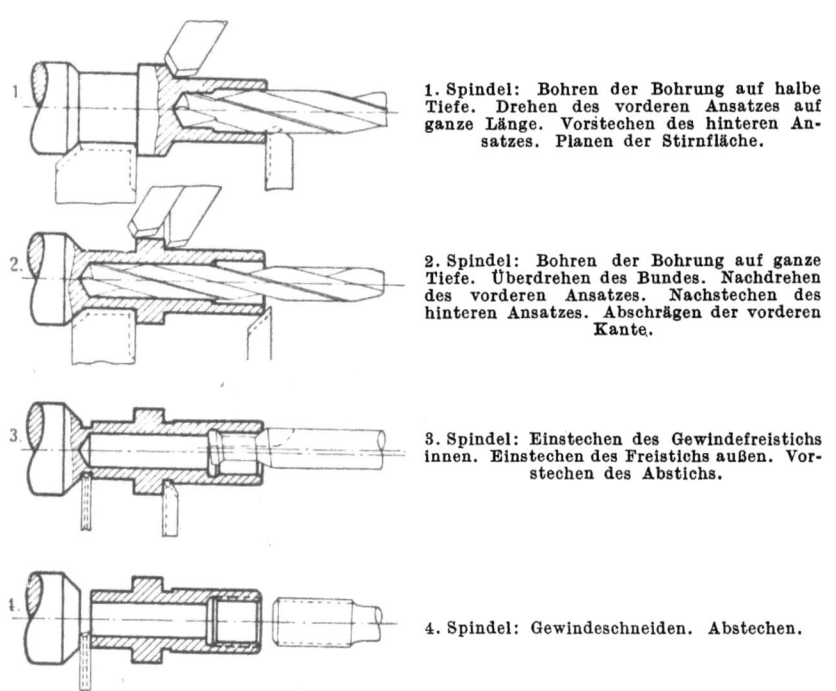

1. Spindel: Bohren der Bohrung auf halbe Tiefe. Drehen des vorderen Ansatzes auf ganze Länge. Vorstechen des hinteren Ansatzes. Planen der Stirnfläche.

2. Spindel: Bohren der Bohrung auf ganze Tiefe. Überdrehen des Bundes. Nachdrehen des vorderen Ansatzes. Nachstechen des hinteren Ansatzes. Abschrägen der vorderen Kante.

3. Spindel: Einstechen des Gewindefreistichs innen. Einstechen des Freistichs außen. Vorstechen des Abstichs.

4. Spindel: Gewindeschneiden. Abstechen.

Abb. 27. Bearbeitung eines Gewindestücks auf einem Vierspindelautomat mit Gewindeschneideinrichtung. Die Schlüsselfläche wird in Sonderarbeitsgang auf einer einfachen Fräsmaschine hergestellt.

umfang auf dem Automaten wird, um so schwieriger die Bedienung, die Einstellung und Instandhaltung, und um so teurer der Werkzeugsatz.

14. Durchrechnung eines Beispiels. An dem Beispiel des Gewindestücks Abb. 24 soll gezeigt werden, wie eine Wirtschaftlichkeitsrechnung aussieht, mit der die günstigste Maschinenform gefunden wird. Aus der großen Zahl der Fertigungsmöglichkeiten wurden vier ausgesucht und einander gegenübergestellt.

1. Das Gewindestück wird auf einem *Vierspindelautomaten* (Abb. 25) vollständig fertig bearbeitet. Der Werkzeugsatz enthält dabei eine Gewindeschneideinrichtung und ein Fräswerkzeug mit Abgreifer.

2. Das Teil wird auf einem *Sechsspindelautomaten* (Abb. 26) gedreht und das Gewinde mit einer Gewindeschneideinrichtung gefertigt. Die Schlüsselflächen werden in einem besonderen Arbeitsgang auf einer Waagerechtfräsmaschine gefräst.

3. Das Teil wird auf einem *Vierspindelautomaten* (Abb. 27) so weit wie auf dem Sechsspindler gedreht, also mit Gewinde, aber ohne *Schlüsselflächen*. Durch die geringere Spindelzahl lassen sich jedoch abgesetzte Bohrer nicht umgehen, so daß die Instandhaltung der Werkzeuge schwieriger als beim Sechsspindler ist.

Durchrechnung eines Beispiels.

Tabelle 4. **Herstellung eines Gewindestücks Abb. 24 bei verschiedenen Bearbeitungsarten und die erreichbaren Monatsleistungen.**

Vorgang		Herstellungsart			
		1 (Abb. 25)	2 (Abb. 26)	3 (Abb. 27)	4 (Abb. 28)
Mehrspindelautomat					
Maschinenpreis	M	20 000	23 000	17 500	15 000
Längsvorschub	mm/U	0,12	0,12	0,12	0,12
Umdrehungen zur Bearbeitung	Anzahl	568	192	292	192
Werkstückdrehzahl	U/min	450	480	480	480
Hauptzeit	min	1,2	0,4	0,61	0,4
Nebenzeit	min	0,04	0,04	0,04	0,04
Grundzeit	min	1,24	0,44	0,65	0,44
Verlustzeitzuschlag	%	25	35	25	22
Stückzeit	min	1,55	0,60	0,81	0,54
Monatsleistung (200 Arbeitsstunden)	Stück	7 750	20 000	14 800	22 200
Zugleich bediente Maschinen		2	2	2	2
Lohn- und Unkosten für 200 Arbtsstdn.	M	600	600	600	600
Lohn- und Unkosten für 1000 Stück	M	38,70	15,00	20,20	13,50
Fräsmaschine					
Maschinenpreis	M		5000	5000	5000
Stückzeit	min	nicht	0,4	0,4	0,4
Monatsleistung (200 Arbeitsstunden)	Stück	nötig	30 000	30 000	30 000
Lohn- und Unkosten für 200 Arbtsstdn.	M		480	480	480
Lohn- und Unkosten für 1000 Stück	M		16,0	16,0	16,0
Gewindefräsmaschine					
Maschinenpreis	M	nicht	nicht	nicht	3 500
Stückzeit	min	nötig	nötig	nötig	0,6
Monatsleistung (200 Arbeitsstunden)	Stück				20 000
Lohn- und Unkosten für 200 Arbtsstdn.	M				480
Lohn- und Unkosten für 1000 Stück	M				24,0
Gesamte Lohn- und Unkosten (ohne Kapitalkosten) für 1000 Stück	M	38,70	31,00	36,20	53,50

Tabelle 5. **Stückkosten bei den verschiedenen Herstellungsarten nach Tabelle 4 bei verschiedenen Monatsleistungen und vergleichsweise bei voller Ausnutzung**

Monatsleistung Stück	Herstellungsart	Mehrspindelautomaten Stück	Fräsmaschinen Stück	Gewindefräsmaschinen Stück	Kapitalbedarf 1000 M	Monatlicher Zinsendienst 1,7%	Gesamte Lohn- und Unkosten (Tab. 4) M	Gesamte Monatskosten M	Kosten für 1000 Stück M	Kosten in % bez. auf billigste Fertigungsart
I. 3 500	1	1	—	—	20	340	136	476	136	**260**
	2	1	1	—	28	476	108	584	167	320
	3	1	1	—	22,5	383	127	510	146	280
	4	1	1	1	23,5	400	187	587	168	322
II. 10 000	1	2	—	—	40	680	387	1067	107	205
	2	1	1	—	28	476	310	786	79	151
	3	1	1	—	22,5	383	362	745	75	**144**
	4	1	1	1	23,5	400	535	935	94	180
III. 20 000	1	3	—	—	60	1020	774	1794	90	172
	2	1	1	—	28	476	620	1096	55	**102**
	3	2	1	—	40	680	724	1404	70	131
	4	1	1	1	23,5	400	1070	1470	74	141
IV. Volle Ausnutzung	1								83	170
	2								52	**100**
	3								57	110
	4								68	131

4. Das Gewindestück wird auf einem *Vierspindler lediglich gedreht* (Abb. 28). Gewinde und Schlüsselflächen werden in besonderen Arbeitsgängen auf einer Gewindefräsmaschine bzw. Waagerechtfräsmaschine gefertigt. Diese Herstellungsart ergibt den einfachsten Werkzeugsatz auf dem Automaten, da auch die Gewindeschneideinrichtung wegfällt, dafür ist aber ein erhöhter Bedarf an Arbeitern gegeben, weil neben dem Automaten zwei Maschinen gebraucht werden, die nicht selbsttätig arbeiten.

Die für diese Herstellungsarten erforderlichen Maschinen, ihre Preise, Stückzeiten, Monatsleistungen und Lohnkosten zeigt Tabelle 4. Dabei ist zur Verein-

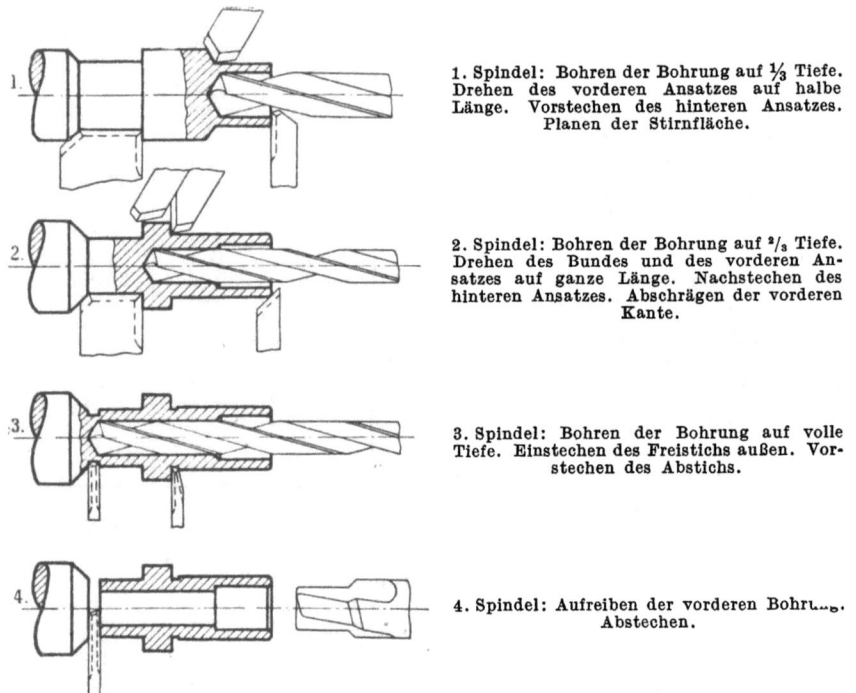

1. Spindel: Bohren der Bohrung auf ⅓ Tiefe. Drehen des vorderen Ansatzes auf halbe Länge. Vorstechen des hinteren Ansatzes. Planen der Stirnfläche.

2. Spindel: Bohren der Bohrung auf ⅔ Tiefe. Drehen des Bundes und des vorderen Ansatzes auf ganze Länge. Nachstechen des hinteren Ansatzes. Abschrägen der vorderen Kante.

3. Spindel: Bohren der Bohrung auf volle Tiefe. Einstechen des Freistichs außen. Vorstechen des Abstichs.

4. Spindel: Aufreiben der vorderen Bohrung. Abstechen.

Abb. 28. Bearbeitung eines Gewindestücks auf einem Vierspindelautomat mit einfachem Werkzeugsatz. Die Schlüsselfläche wird auf einer Fräsmaschine und das Gewinde auf einer Gewindefräsmaschine in Sonderarbeitsgängen hergestellt.

fachung der Rechnung angenommen, daß die Rüstzeit in allen 4 Fällen ungefähr gleich sei und daher unberücksichtigt bleiben kann (vgl. Abschn. 3). Zugrunde gelegt ist, wie schon bei Tabelle 1 (S. 8), ein Verzinsungs- und Abschreibungssatz $p = 1{,}7\%$, ferner für die Automatenarbeit ein Lohn- und Unkostensatz von $l = 3{,}00$ M und für die Fräsarbeit ein solcher von $l = 2{,}40$ M für die Arbeitsstunde. Für einen Monat sind 200 Arbeitsstunden angenommen. Die aufgeführten Stückkosten verstehen sich ohne Werkstoffkosten, sind also Fertigungskosten.

Faßt man die Fertigungskosten bei verschiedenen Monatsleistungen zusammen und macht dabei die Voraussetzung, daß die Maschine nach Erledigung der monatlichen Stückzahl unbenutzt stehenbleibt, so ergeben sich die Werte der Tabelle 5. Die monatliche Stückzahl muß in diesem Fall den ganzen Kapitaldienst tragen. Die Aufstellung erscheint deshalb auf den ersten Blick sehr ungünstig. Sie entspricht aber einer in der Praxis häufigen Anordnung, daß für bestimmte Massenteile

Mehrspindelautomaten beschafft sind, die nur für ein einziges Teil verwendet werden, für das allein auch Werkzeuge da sind. Genügen die Monatsraten nicht zur Ausnutzung der Maschine, so steht sie zeitweise unbenutzt. Der günstigste Fall, volle Ausnutzung jeder Maschine, ist bei Nr. IV der Tabelle 5 erfaßt.

15. Ergebnisse der Gegenüberstellung. Die Ergebnisse der Gegenüberstellung haben allgemeine Bedeutung, die über den Rahmen des obigen Beispiels hinausgeht. Ein Vierspindelautomat mit Gewindeschneid- und Fräseinrichtung (Abb. 25) ist wegen seines hohen Preises und der langen Grundzeit nur bei kleinsten Monatsleistungen am Platz, wenn durch Verkürzen der Grundzeiten auch bei den anderen Automaten lediglich eine Verschlechterung der Ausnutzung erreicht wird. Praktisch erscheint diese Form also nur in den seltensten Fällen. Die Maschine ohne Gewindeschneideinrichtung (Abb. 28) ist in keinem einzigen Fall wirtschaftlich, da die Herstellung eines Gewindes die Stückzeit kaum beeinflußt, aber beträchtliche Arbeit auf anderen Maschinen erspart. Es ergeben sich daher folgende allgemeine Regeln:

a) *Sonderarbeitsgänge*, wie Fräsen von Schlüsselflächen, sollen nur in Ausnahmefällen in die Automatenarbeit einbezogen werden. Die Wirtschaftlichkeit muß durch Vorberechnung eindeutig gegeben sein. Es besteht also ein beachtlicher Unterschied gegenüber dem Einspindelautomaten, bei denen Sonderarbeitsgänge weitgehend ausgenutzt werden müssen, da sie die sonstige Arbeitsfolge nicht beeinflussen.

b) *Gewindeherstellung* auf Mehrspindelautomaten ist fast immer am Platze, wenn die Gewinde in Länge und Durchmesser zu der Maschine passen und richtig in den Werkzeugplan eingeordnet sind. Die Aufnahme dieser Arbeit ist deshalb stets anzustreben.

c) *Zu einfache Arbeitsgänge* ergeben selten gute Wirtschaftlichkeit auf Mehrspindelautomaten, da deren Stärke in der Möglichkeit liegt, viele Werkzeuge gleichzeitig ansetzen zu können, ohne dadurch Zeitverluste zu haben. Teile mit zu geringem Werkzeugbedarf müssen deshalb weiter als zunächst vorgesehen bearbeitet werden, oder sie kommen auf einfacheren Maschinen zur Verarbeitung.

d) *Die Wahl zwischen Vier- und Sechsspindelautomat* richtet sich außer nach der Schwierigkeit des Werkzeugsatzes auch nach der Monatsleistung, die verlangt wird. Ist diese groß genug, so ist der Sechsspindler am Platze, andernfalls wird man beim Vierspindler bleiben.

V. Das Einstellen der Maschinen.

16. Werkzeug- und Einstellpläne. Die *Leistung* eines Automaten hängt wesentlich von der Güte der Einstellung ab, also von der Wahl und Anordnung der Werkzeuge, der Länge der einzelnen Arbeitswege, der günstigen Unterteilung der Zerspanungsarbeit, der richtigen Wahl der Kurven, Einstellung der Anschläge und vielen anderen Punkten, die jeder für sich eine Kleinigkeit sind, in ihrem Zusammenwirken aber einen großen Einfluß auf die Form, das Aussehen und die Arbeitszeit eines Werkstückes nehmen. Viele dieser Faktoren lassen sich dabei nicht theoretisch vorausbestimmen, sondern müssen auf Grund langer Erfahrungen eingesetzt werden.

Für jedes Werkzeug ist zunächst ein *genauer Plan* der einzelnen Arbeitsgänge aufzustellen (Abb. 29), der die Verteilung der Werkzeuge auf die einzelnen Spindeln angibt und die Reihenfolge der Arbeitsgänge festlegt. Nach diesem Werkzeugplan, der unabhängig von der Konstruktion des Mehrspindelautomaten ist, wird der

Einstellplan entworfen, der die Hauptmasse der Werkzeuge und ihrer Halter auf der Maschine, die bei den einzelnen Arbeitsgängen erreichten Werkstückmaße und die Stellung der Werkzeuge enthält (Abb. 30). Nach diesem Einstellplan können die Werkzeugeinzelzeichnungen hergestellt werden, er dient später auch der Werk-

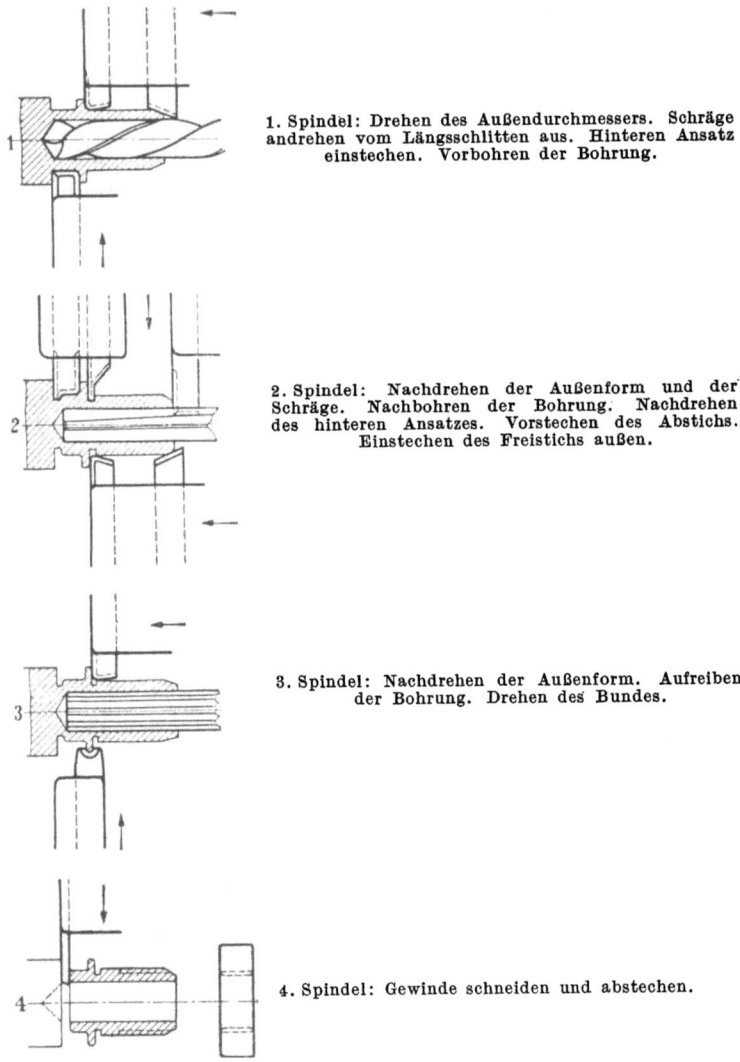

1. Spindel: Drehen des Außendurchmessers. Schräge andrehen vom Längsschlitten aus. Hinteren Ansatz einstechen. Vorbohren der Bohrung.

2. Spindel: Nachdrehen der Außenform und der Schräge. Nachbohren der Bohrung. Nachdrehen des hinteren Ansatzes. Vorstechen des Abstichs. Einstechen des Freistichs außen.

3. Spindel: Nachdrehen der Außenform. Aufreiben der Bohrung. Drehen des Bundes.

4. Spindel: Gewinde schneiden und abstechen.

Abb. 29. Werkzeugplan für eine Laufbüchse.

statt als Unterlage für den richtigen Aufbau der Maschine. Es muß deshalb hierbei schon berücksichtigt werden, ob der Automat einen Längsschlitten oder einen Gridley-Block hat, ob zu jeder Spindel ein Querschlitten gehört oder als Ersatz ein Aufbauwerkzeug verwendet werden muß, und ähnliche bauliche Einzelheiten.

Um bei dem Werkzeugentwurf eine spätere gegenseitige Behinderung der arbeitenden Werkzeuge zu vermeiden, wird auch eine *Seitenansicht* der Spindeln,

Schlitten und Werkzeuge (Abb. 31) gezeichnet. Man wählt dabei diejenige Stellung der Werkzeuge, die den ungünstigsten Fall darstellt, wenn sie am Ende der Arbeitswege angekommen sind, da sie dann am dichtesten beieinander stehen, so daß die kleinsten Zwischenräume bleiben. An dieser Zeichnung lassen sich außer gegenseitiger Behinderung auch Stellen schlechten Spanablaufes erkennen.

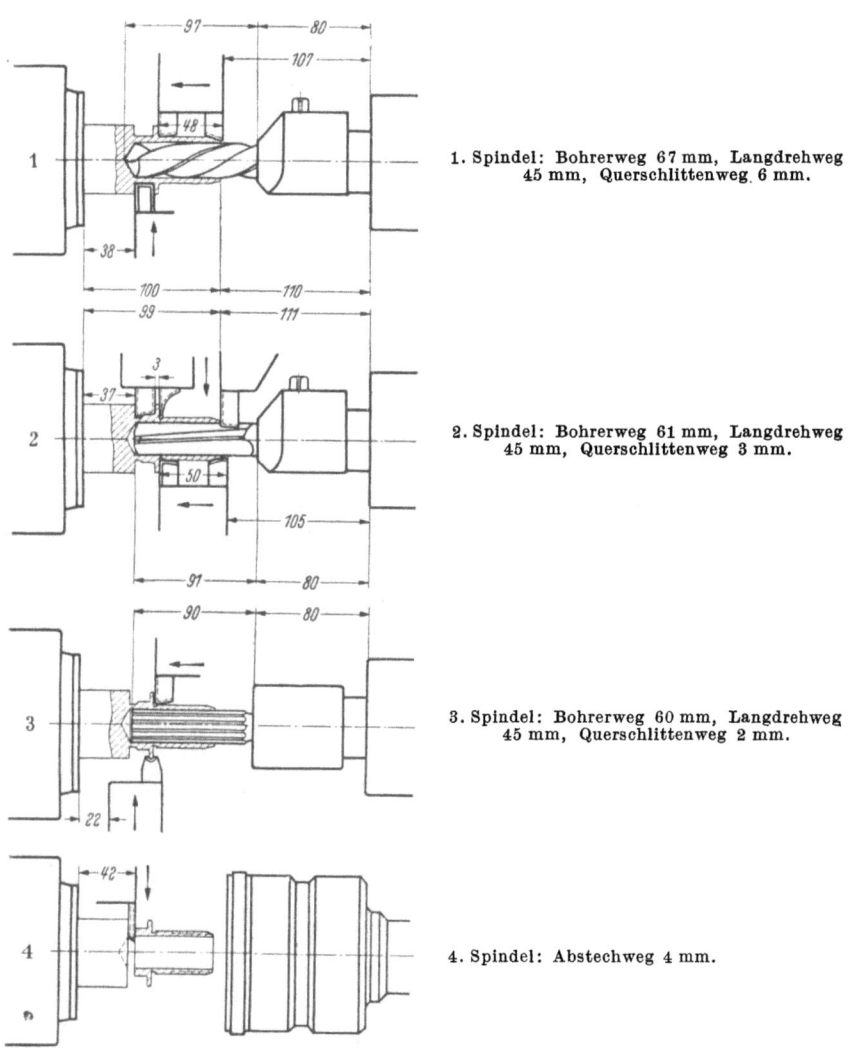

1. Spindel: Bohrerweg 67 mm, Langdrehweg 45 mm, Querschlittenweg 6 mm.

2. Spindel: Bohrerweg 61 mm, Langdrehweg 45 mm, Querschlittenweg 3 mm.

3. Spindel: Bohrerweg 60 mm, Langdrehweg 45 mm, Querschlittenweg 2 mm.

4. Spindel: Abstechweg 4 mm.

Abb. 30. Einstellplan für Laufbüchse.

17. Winke für den Werkzeugeinsatz. Für den Werkzeug- und Einstellplan, die Benutzung der Werkzeuge und deren Einbau in die Maschine sind einige Erfahrungen zu beachten, wenn Fehlschläge vermieden werden sollen.

a) Eine *Drehbearbeitung mit Längsvorschub* ist stets günstiger als mit Quervorschub. Einmal wird das Werkzeug bei Quervorschub auf Biegung beansprucht, wobei leichter ein Ausweichen eintreten kann, durch das ungenaue Teile entstehen. Dann ergeben sich auch oft sehr breite Stähle mit breiten Spänen, so daß trotz geringem Vorschub leicht ein Rattern eintritt. Man sollte deshalb stets versuchen, Stähle für Querbearbeitung schmal zu halten. Breite Aussparungen hinter einem Bund (Abb. 32), die vom Längsschlitten aus nicht bearbeitbar sind, werden günstiger mit einem Langdrehschlitten gedreht, nachdem vorher schmale Einstiche für den Ansatz der Langdrehstähle und ihren Auslauf eingestochen wurden.

b) Durch günstige *Unterteilung der Arbeiten* lassen sich alle Längswege gleich und kurz halten. Das ist wichtig, weil der längste Arbeitsweg bestimmend für die Stückzeit ist und alle Stähle den gleichen Längsweg machen müssen. Man achtet deshalb besonders darauf, einen kurzen Längsschlittenweg zu erreichen. Bei abgesetzten Bohrungen kann es dabei günstiger sein, abgesetzte Bohrer zu verwenden und die Längswege gleich zu halten (Abb. 33), statt etwa mit gewöhnlichen Spiralbohrern zwei kurze und einen langen Arbeitsweg. Ist eine einzelne, unverhältnismäßig lange und dabei dünne Bohrung zu fertigen, die sich nicht unterteilen läßt, so kann man dafür ein Werkzeug mit unabhängigem Längsweg und größerem Vorschub anwenden, so daß nur die restlichen Spindeln für den gleich langen Längsweg zu berücksichtigen sind. Ein solches unabhängiges Werkzeug ist zwar im Längsschlitten eingebaut, in seiner Bewegung aber von diesem unabhängig, da es seinen Antrieb von einer besonderen Kurventrommel oder über ein einstellbares Hebelsystem von der Längsschlittenbewegung ableitet.

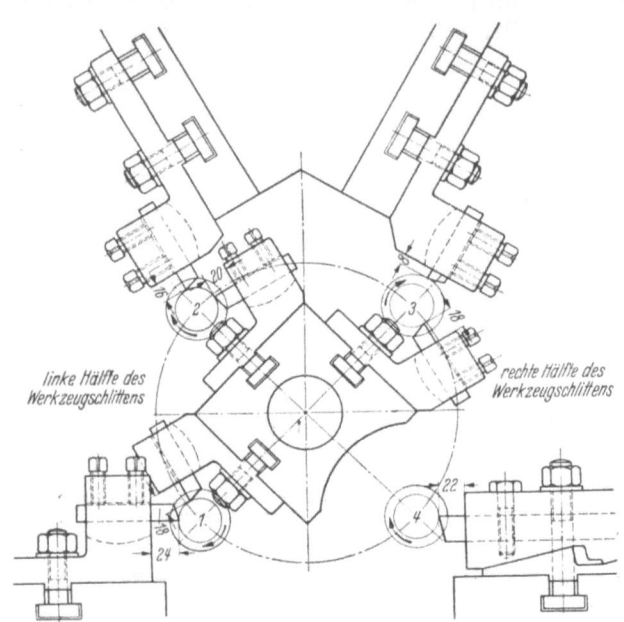

Abb. 31. Ansicht der Werkzeuge für die Laufbüchse Abb. 30. Der Längsschlitten ist ein Gridley-Block. Der verwendete Automat hat vier Querschlitten.

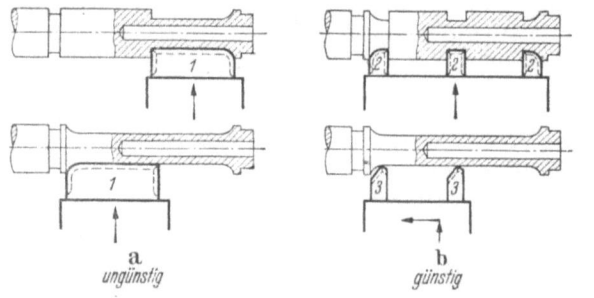

Abb. 32. Gegenüberstellung zweier Bearbeitungsmöglichkeiten einer Fahrradnabe. a Einstechen mit zwei schweren Formmessern (*1*); b Einstechen mit drei schmalen Flachstählen (*2*) und Langdrehen mit zwei Langdrehstählen (*3*). Die Bearbeitung mit dem Langdrehschlitten ist günstiger.

c) Es ist eine scharfe Trennung zwischen den Arbeitsgängen des *Schruppens und Schlichtens* vorzusehen, um eine gegenseitige Beeinflussung der Werkzeuge zu verhindern. Ganz besonders wird man darauf sehen, daß an der ersten Spindelstellung schon alle Flächen, Ansätze und Bohrungen von Rohteilen vorgedreht sind, damit die Werkzeuge der nächsten Spindelstellungen nur noch auf blankem Werkstoff schneiden und dadurch nicht so schnell abstumpfen. Die Aufteilung der Bearbeitung auf die einzelnen Spindelstellungen sieht deshalb etwa so aus, wie Abb. 34 zeigt

In der ersten Spindelstellung wird die Außenform mit einem Rundformstahl (a) vorgeschruppt und gleichzeitig mit einem kräftigen Bohrer (b) zentriert. Ist dieser sehr kurz gespannt, so kann auch schon ein Stück gebohrt werden, um eine bessere Wegunterteilung zu bekommen oder eine Spindel zum Reiben frei zu behalten. An der ersten Spindel kann auch, wenn nötig, vom Längsschlitten aus überdreht werden. Die zweite Spindelstellung dient zum Herausarbeiten der Werkstückform, wobei Flächen ohne Durchmessertoleranz schon fertiggedreht werden. Im Beispiel wird die Außenform mit dem Rundform-

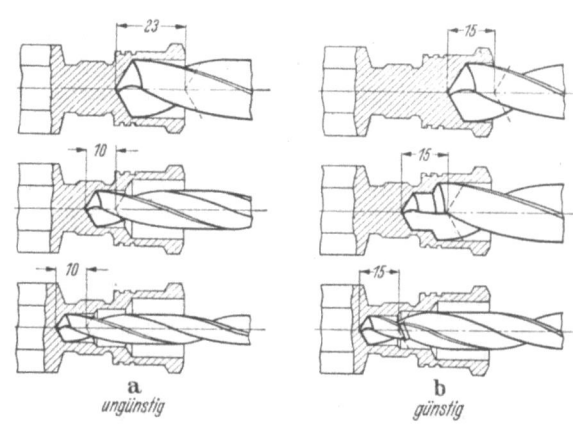

Abb. 33. Gegenüberstellung von Bearbeitungsmöglichkeiten eines Zündkerzenkörpers. a Bohren mit normalen Bohrern. Ungünstige Wegunterteilung wegen verschieden langer Bohrungen. Für die Stückzeit maßgebend ein Weg von 23 mm. b Bohren mit einem normalen und zwei abgesetzten Spiralbohrern, die alle den gleichen Weg machen. Für die Stückzeit maßgebender Weg nur 15 mm.

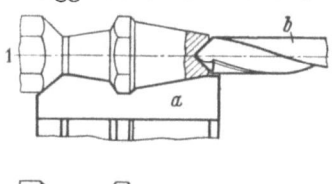

1. Spindel: Zentrieren der Bohrung (b) und Vorstechen der Außenform mit Rundformstahl (a).

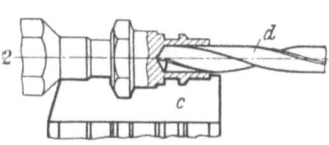

2. Spindel: Bohren der Bohrung auf halbe Tiefe (d). Nachdrehen der Außenform mit Rundformstahl (c).

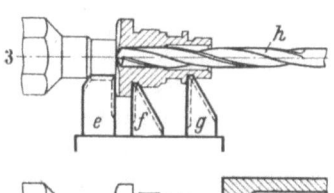

3. Spindel: Bohren der Bohrung auf ganze Tiefe (h). Schlichten des hinteren Ansatzes (e) und Einstechen der Einstiche mit Flachstählen (f und g).

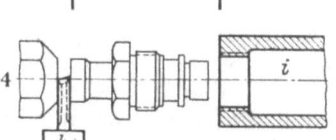

4. Spindel: Gewindeschneiden (i) und Abstechen (k).

Abb. 34. Werkzeugplan für eine Verschraubung.

stahl (c) gedreht und die Bohrung tiefer gebohrt (d). Gleichzeitig wird die Länge begrenzt, indem man die Stirnfläche abdreht. Zum Schlichten und Fertigbearbeiten dient vorwiegend die dritte Spindelstellung. Alle genauen Durchmesser werden nachgedreht (*e*), Gewindefreistiche (*f*) und Einstiche (*g*) ausgeführt und, da eine Bohrungsnachbearbeitung hinfällig ist, die Bohrung tiefer gebohrt (*h*). Die letzte Spindelstellung endlich dient für Nacharbeiten, wie Bohrung aufreiben, Gewinde schneiden (*i*) und endlich zum Abstechen des Teiles von der Stange (*k*). Gewindeschneiden wird vielfach auch schon an der dritten Spindelstellung durchgeführt, wenn die Abstechzeit die Einordnung in der vierten Stellung unmöglich macht. Denn die Gewindebearbeitung muß beendet sein, solange das Werkstück noch genügend fest mit der Stange verbunden ist, von der es sonst durch den Schnittdruck des Gewindewerkzeuges abgerissen würde. Auch beim Aufreiben an der letzten Spindel ist zu beachten, daß der Bohrer bzw. das Reibwerkzeug die Bohrung schon vor dem Abstich verlassen hat, indem ein unabhängig vom Längsschlitten bewegliches Werkzeug verwendet wird.

d) *Flächen, die genau zueinander laufen sollen*, wie Kugellagersitze innen und außen an einem Werkstück, werden im gleichen Arbeitsgang an derselben Spindel geschlichtet, weil sonst infolge unvermeidlicher Teilungsungenauigkeit der Spindeln in der Spindeltrommel Fehler möglich sind. Man wird sogar nach Möglichkeit alle Werkzeuge gleichzeitig anschneiden lassen, da der spätere Anschnitt eines einzelnen Stahles eine Markierung bei den anderen Arbeitsflächen hervorruft.

e) Die einzelnen Schneidwerkzeuge sollen in Form, Anordnung und Stoffart auf eine *gleiche Lebensdauer* abgestellt werden. Diese soll für einfache Stähle an Schruppspindeln, die sich leicht nachschleifen lassen, mindestens eine Schicht betragen, für Formstähle mit genauem Profil dagegen etwa eine Woche. Schruppstähle lassen sich leicht nachschärfen, das Profil spielt keine große Rolle, und auch bei der Einstellung bleiben Unterschiede von weniger als einem Millimeter ohne Einfluß. Dagegen ist die hohe Standzeit der Schlichtstähle für die Werkstückgenauigkeit sehr wichtig, da die genaue Einstellung sehr langwierig ist und auch beim Nachschärfen leicht Profilveränderungen eintreten. Diese Standzeitbemessung führt bei Werkstücken, die starke Durchmesserunterschiede aufweisen, dazu, die an großen Durchmessern schneidenden Stähle mit Hartmetall zu bestücken, während die mehr innen schneidenden aus Schnellstahl sein können. Beide Arten Schneidwerkzeuge erreichen dann die gleiche Standzeit.

f) Bei der *Gestaltung von Schneiden* und deren Anordnung innerhalb ganzer Werkzeuggruppen ist auf *guten Spanabfluß* Rücksicht zu nehmen, damit Werkzeuge und Maschinen nicht durch Späne verstopft werden. Der für die Zerspanung günstige Fall langrollender Späne ist für Automaten ungeeignet. Um kurzbrechende Späne zu erreichen, werden die Schneiden mit einem scharfen Treppenabsatz geschliffen und bei breiten Schneiden auch mit Spanbrechernuten versehen. Auch kann man auf den Stahl einen Spanbrecher setzen, an welchem rollende Späne zur plötzlichen Bewegungsänderung und dadurch zum Bruch gebracht werden.

g) Da die Spindeln eines Mehrspindelautomaten sich stets mit der gleichen, *unveränderlichen Umlaufzahl* drehen, unabhängig von der gerade vorzunehmenden Bearbeitung, muß diese Umlaufzahl der zulässigen Schnittgeschwindigkeit (Tabelle 6) am Umfang des Werkstückes angepaßt werden. Das hat zur Folge, daß dünne, feststehende Bohrer stets eine zu geringe Schnittgeschwindigkeit haben und dadurch unwirtschaftlich arbeiten. Bei ihrer Bewegung mit dem Längsschlitten wird die Vorschubbelastung so groß, daß die Bohrer leicht zu Bruch gehen. Man läßt deshalb Bohrer, wenn ihr Durchmesser kleiner als $2/3$ des Außendurchmessers ist, in einer Schnellbohreinrichtung (Abb. 35) sich zusätzlich drehen. Eine solche Schnellbohreinrichtung erteilt dem Bohrer eine der Werkstückdrehung entgegengesetzte Drehbewegung. Die wirkliche Schnittgeschwindigkeit des Spiralbohrers errechnet sich dann aus der Summe der Drehzahlen von Werkstück und Bohrer und dessen Durchmesser.

Ein *Beispiel* soll dies verdeutlichen und den Einfluß der erhöhten Schnittgeschwindigkeit zeigen: Ein Werkstück von 35 mm Außendurchmesser wird mit einer Schnittgeschwindigkeit von 38 m/min bearbeitet, wofür es sich mit 345 U/min dreht. Der Längsschlittenvorschub ist 0,14 mm/U. In dieses Werkstück soll ein Loch von 8,7 mm Durchmesser gebohrt werden. Bei feststehendem Bohrer wäre dessen Schnittgeschwindigkeit nur 9,5 m/min, während etwa 25 m/min zulässig sind. Gleichzeitig ist der für einen solchen Bohrerdurchmesser zulässige Vorschub von 0,1 mm/U weit überschritten.

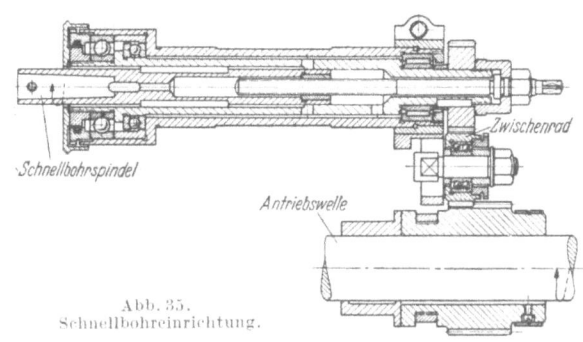

Abb. 35. Schnellbohreinrichtung.

Zur Erhöhung der Schnittgeschwindigkeit wird der Bohrer in einer *Schnellbohreinrichtung* verwendet und dreht sich mit 540 U/min entgegen dem Werkstück. Für seine Schnittgeschwindigkeit ist dann die Drehzahl 345 + 540 = 885 U/min maßgebend, so daß die Schnittgeschwindigkeit jetzt 24,5 m/min wird. Da nun der auf die Werkstückspindel bezogene Längsschlittenvorschub von 0,14 mm je Umdrehung unverändert auch für den Bohrer in der Schnellbohreinrichtung bleibt, verändert sich dessen Vorschub, bezogen auf die Umdrehung, im Verhältnis der Drehzahlen und wird tatsächlich nur 1,4 (345 : 885) = 0,055 mm/Bohrer-U. Damit ist der Vorschub sogar noch kleiner als verlangt wurde. Es besteht daher die Möglichkeit, den Spiralbohrer durch eine zusätzliche Vorschubeinrichtung

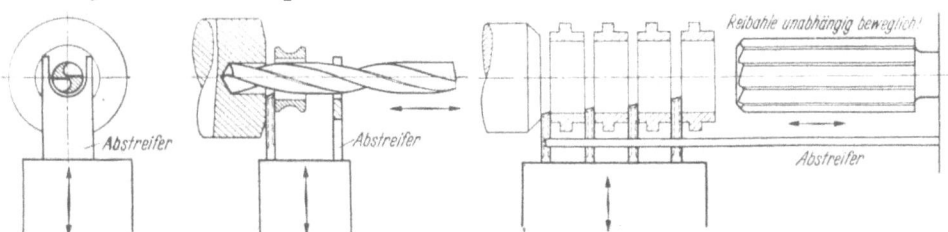

Abb. 36. Abstreifen eines Kugellagerringes von einem Spiralbohrer durch Abstreifer auf dem Querschlitten.   Abb. 37. Abstreifen eines Zwischenringes von den Abstechstählen durch Abstreifer auf dem Längsschlitten.

schneller als mit dem Längsschlitten in das Werkstück hineinzuführen, bis der Vorschubwert 0,1 mm/U erreicht ist.

Man erkennt hieraus den großen Vorteil einer Schnellbohreinrichtung, aber auch die Möglichkeit, bei einer Schnellbohreinrichtung eine *unabhängige Vorschubeinrichtung* vorzusehen, indem die Schnellbohrspindel längsverschieblich ausgebildet wird und über ein Hebelsystem von einer Kurvenscheibe aus einen besonderen Antrieb erhält.

h) Bei *Arbeit an der Abstechspindel* besteht die Gefahr, daß einzelne Werkstücke nach dem Abstich auf dem Bohrwerkzeug oder zwischen den Stählen hängenbleiben, so daß beim nächsten Vorgehen dieser Werkzeuge Beschädigungen hervorgerufen werden. Man sieht in solchen Fällen *Abstreifer* vor, die beim Zurückgehen der Werkzeuge die Werkstücke mit Sicherheit entfernen. Solche Abstreifer sitzen auf dem Querschlitten (Abb. 36), wenn die Teile auf einem Bohrer hängenbleiben können, dagegen auf dem Längsschlitten (Abb. 37), wenn sie sich zwischen Abstechstählen festsetzen.

i) Für *tiefe Bohrungen* ist eine Zuführung der Kühlflüssigkeit durch das Werkzeug hindurch erforderlich, damit die Bohrerschneide sicher gekühlt und die Späne herausgeschwemmt werden.

k) *Profile* mit mehreren Absätzen, Abrundungen und Winkeln werden durch *Formscheibenstähle* bearbeitet, die unter Berücksichtigung der Profilverzerrung durch Span- und Anstellwinkel (Abb. 38) entworfen werden[1]. Um eine einfache Werkzeugfertigung zu erreichen, werden nach Möglichkeit gerade Formscheibenstähle verwendet, mit denen aber keine Flächen senkrecht zur Drehachse bearbeitet werden können. Vielmehr muß jede Fläche eine Neigung von mindestens 3° haben, damit am Stahl noch ein ausreichender Freiwinkel vorhanden ist. Wegen dieser Beschränkung ist es vorteilhaft, Planarbeiten an senkrechten Flächen sowie Ein- und Freistiche mit Flachstählen auszuführen, nachdem alle anderen Formen mit Formscheibenstählen bearbeitet sind (s. Abb. 34 Spindel 3). Läßt es sich ausnahmsweise nicht vermeiden, auch senkrechte Flächen mit einem Formscheibenstahl zu drehen so muß dieser axial hinterdreht werden (Abb. 39). Dann genügt es beim Einsetzen des Stahles nach dem Nachschärfen aber nicht mehr, nur die Höhe neu einzustellen, sondern auch die seitliche Stellung muß eingerichtet werden, da beim Nachschleifen sich die Schneide axial verschiebt.

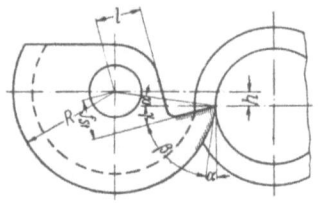

Abb. 38. Formscheibenstahl. h Überhöhung der Stahlmitte über Werkstückmitte; f_{st} Abstand der Schneidfläche von der Stahlachse; a Freiwinkel; γ Spanwinkel.

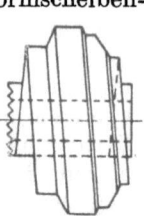

Abb. 39. Axial hinterdrehter Formscheibenstahl zum Drehen von Flächen senkrecht zur Drehachse.

Ein Formscheibenstahl ist sehr einfach nachzuschleifen, da sein Profil dabei nicht verändert wird, wenn nur die Span- und Anstellwinkel genau eingehalten werden. Das ist aber der Fall, wenn das Maß f_{st} (Abb. 38) erhalten bleibt. Hierzu bedient man sich am einfachsten einer Prüflehre, welche in der Stahlbohrung aufgenommen wird und sich mit der Schneidkante genau decken muß. Der Stahl muß so lange nachgeschliffen werden, bis das erreicht ist. Zu jedem einzelnen Formscheibenstahl muß deshalb eine solche *Schleiflehre* zur Verfügung stehen, die mit der gleichen Nummer gezeichnet ist und beim Nachschärfen jederzeit bereit liegt.

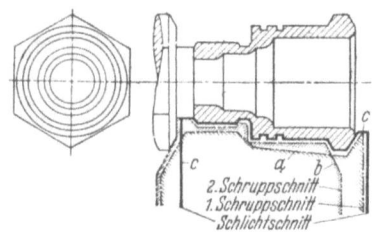

Abb. 40. Drehen der Außenform eines Zündkerzenkörpers mit drei Formscheibenstählen. Spanaufteilung für die drei Schnitte: a erster Schruppschnitt; b zweiter Schruppschnitt; c Schlichtschnitt:

Sind mehrere Formscheibenstähle hintereinander angeordnet, so ist für eine *gleichmäßige Verteilung* der Zerspanungsarbeit auf die einzelnen Stähle zu sorgen. Abb. 40 zeigt an dem Beispiel einer Zündkerze, die aus der vollen Sechskantstange geschruppt wird, wie drei Formscheibenstähle hintereinander angesetzt werden, und wie die Arbeit auf diese zu verteilen ist. Der letzte Stahl wird die wenigste Arbeit erledigen, da von seiner Genauigkeit die Profilrichtigkeit abhängt, so daß die Schneide gering zu belasten ist. Die Hauptarbeit muß also von den beiden ersten Stählen übernommen werden, die als Schruppstähle anzusehen sind.

---

[1] Vgl. Werkstattbuch Heft 65 Abschn. 44 u. 45.

18. Die Kurvenbestimmung. Außer den Werkzeugen und deren Aufbau auf die Maschine müssen auch die *Spanneinrichtungen* für die Werkstücke und für die Schlittenwege ermittelt und eindeutig festgelegt werden. Die Werkzeugschlitten eines Automaten, meist ein Längsschlitten und vier bis sechs Querschlitten, werden bei fast allen Bauarten von Kurven bewegt, die sich mit einer Steuerwelle drehen und die Schlitten unmittelbar oder über Hebel vor- und zurückbewegen. Die Länge eines Schlitten-Arbeitsweges, der stets genau dem Werkstück angepaßt sein muß, ist durch die Form der Kurve gegeben, so daß für jeden Schlittenweg eine besondere Kurve erforderlich ist, wenn nicht eine Möglichkeit zur Wegeinstellung durch veränderliche Hebellänge (Abb. 41) besteht oder die Schlitten hydraulisch bewegt werden, so daß durch einfachste Ventileinstellung Weggröße und Schlittengeschwindigkeit geregelt werden können

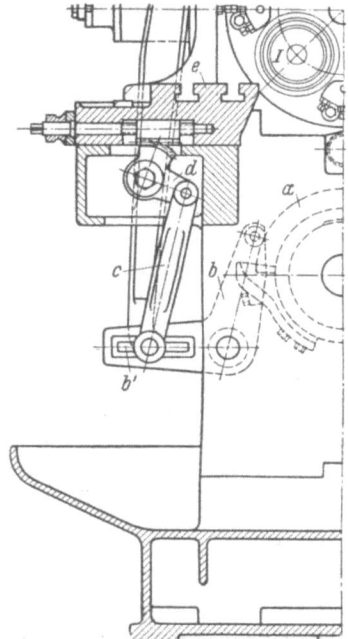

Abb. 41. Querschlittenantrieb über Hebel mit veränderlicher Hebellänge zur Einstellung der Weglänge ohne Kurvenveränderung. *a* Plankurve für die Querschlittenbewegung; *b* Kulissenhebel mit Kulisse *b'*; *c* Zwischenstange; *d* Segmenthebel; *e* Querschlitten.

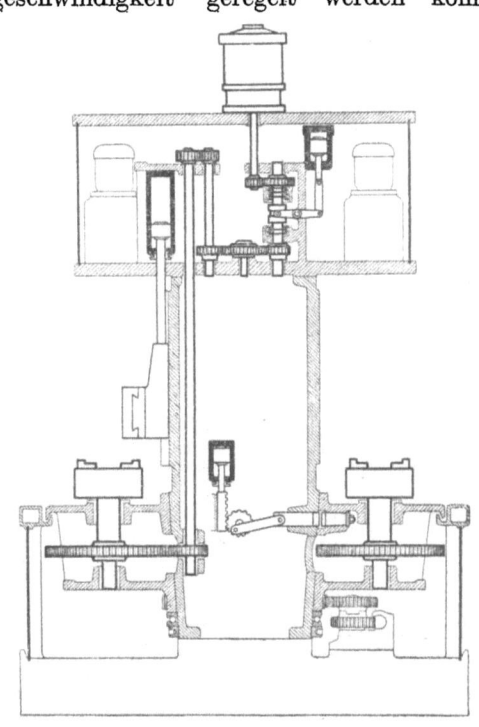

Abb. 42. Hydraulisch gesteuerter senkrechter Mehrspindelautomat.

(Abb. 42). Diese Anordnung findet man vielfach für Querschlitten, so daß man bei diesen mit einigen wenigen Kurven auskommt. Abb. 43 zeigt die verschiedenen Kurven eines Vierspindelautomaten mit vier Querschlitten in der Abwicklung bzw. Ansicht. Der Längsschlitten wird durch die Leitkurve, die Querschlitten werden durch Scheibenkurven (Form- bzw. Abstechkurve) vorbewegt.

Bei der *Kurven*ermittelung gibt man zu den sich aus dem Einstellplan ergebenden reinen Arbeitswegen einen kleinen Betrag von 1···3 mm zu, damit das Werkzeug mit Sicherheit erst im Arbeitsgang zum Schnitt kommt, auch wenn das Werkstück etwas länger als vorgesehen ist. Man wird deshalb besonders bei Rohteilen, also an der ersten Spindel, größere Wegzugaben machen.

An der Abstechspindel wird meistens eine Zugabe von nur 0,5 mm ausreichen. Die einzelnen Arbeitskurven werden den Maschinen vielfach von 5 zu 5 oder 10 zu 10 mm gestuft beigegeben. Man wird sich deshalb bemühen, diese normalen Kurven zu verwenden. Bei kurzen Stückzeiten ist dies aber oft nicht möglich, da die Aufrundung des Arbeitsweges auf volle 5 mm oder die nächste vorhandene Stufe einen zu großen Verlust bedeuten würde, da während des Überweges die Werkzeugschlitten sich schon bewegen, ohne zu arbeiten. In solchen Fällen werden dann normale Kurven auf den erforderlichen Weg nachgearbeitet (Abb. 44 u. 45). Dabei ist darauf zu achten, daß die Werkzeuge am Ende des Arbeitsweges für die Dauer einiger Werkstückumdrehungen still stehen, damit sie sich frei schneiden können, bevor der Rücklauf beginnt. Dafür ist ein gerades bzw. zylindrisches Kurvenstück vorgesehen, das aber bei den Normalkurven eine so beträchtliche Länge hat, daß der Werkzeugstillstand oft für 50 oder mehr Umdrehungen besteht.

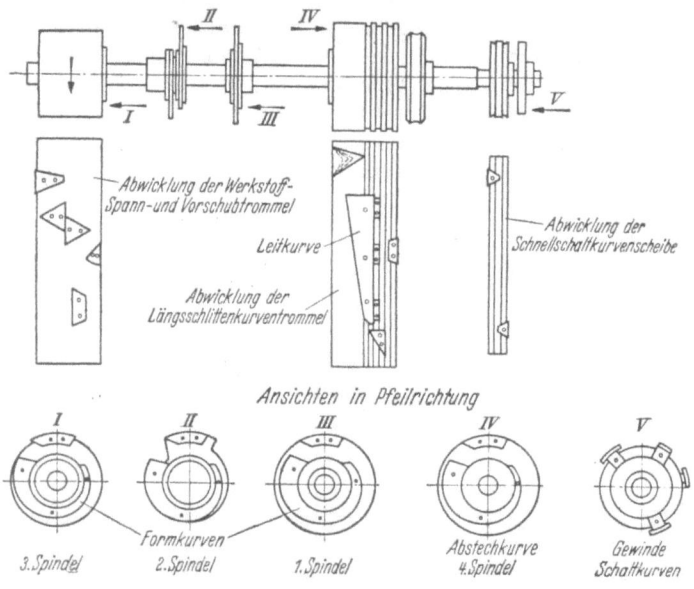

Abb. 43. Kurvenschema für die Steuerung eines Vierspindelautomaten. I...IV Plankurven für die vier Querschlitten, dazu vier Rückzugkurven. Leitkurve für die Längsschlittenbewegung mit verschiedenen Rückzugkurven je nach der Weglänge und eine Eilvorlaufkurve.

Gleicht man auch dieses Stück ohne Vorschub den Werkstückdrehzahlen an, so daß es nur die Länge von 5 Umdrehungen hat, so läßt sich bei einer nachgearbeiteten Kurve bei größerem Arbeitsweg oft die gleiche Kurvensteigung und damit der gleiche Werkzeugvorschub einhalten, wie die Abb. 44 u. 45 zeigen.

Zur Nacharbeit verwendet man zweckmäßig solche Kurven, deren *Arbeitsweg kleiner* als der gesuchte ist, und schleift die angegebenen Flächen herunter. Nötigenfalls wird die Lauffläche dann nochmals autogen nachgehärtet, in den meisten Fällen ist aber der Druck so gering, daß die Kurve ungehärtet verwendet werden kann. Der Zeitaufwand für die Kurvenanpassung macht sich durch die erreichte Kürzung der Stückzeit stets bezahlt.

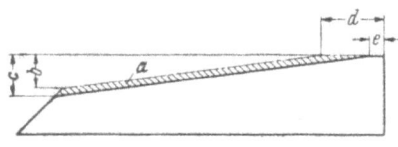

Ann. 44. Längsschlittenkurve (abgewickelt). Umänderung des Arbeitsweges und der Auslauflänge zur Anpassung der Kurve an ein bestimmtes Arbeitsstück.
a weggearbeitete Fläche; *b* Arbeitsweg bei ursprünglicher Kurve; *c* Arbeitsweg bei nachgearbeiteter Kurve; *d* Auslauf bei ursprünglicher Kurve; *e* Auslauf bei nachgearbeiteter Kurve.

19. Spanneinrichtungen. Die Werkstoffspann- und Zuführungseinrichtungen sind dem Durchmesser und der Form des Werkstückes anzupassen. Bei Stangenautomaten sind hierfür Spann- und Vorschubpatronen vorgesehen, die mittels Rohren vom hinteren Spindelende aus betätigt werden (Abb. 46). Die einzelnen Patronen sind auswechselbar und müssen dem Stangendurchmesser sowie dem Profil entsprechen. Man unterscheidet massive Patronen (Abb. 47 u. 48), bei denen zu jedem Stangendurchmesser eine besondere Patrone

Spanneinrichtungen.

erforderlich ist, und solche mit auswechselbaren Einsätzen (Abb. 49). Bei diesen kann derselbe Patronenkörper in vielen Fällen verwendet werden.

Bei der *Selbstanfertigung* von Spann- oder Vorschubpatronen ist ein Stahl von 70 bis 80 kg/mm² Festigkeit (St. 70.11) zu verwenden, nach der Bearbeitung zu härten, im hinteren Teil anzulassen und dann fertigzuschleifen. Es ist auf gute Federhärte zu achten, damit die meist dreimal geschlitzten Patronen sicher fassen und lösen. Wichtig ist, daß der Übergang von der Bohrung zum Spanndurchmesser abgeschrägt wird, damit die Werkstoffstangen beim Einführen keinen Widerstand finden und die Patronen nicht beschädigen. Die Spannfläche wird mit einer Verzahnung zum sicheren Festkrallen versehen, die durch ihre Gestalt gegen Drehung und Zurückschieben halten muß. Die Bohrung erhält dazu Rillen in radialer und meist auch axialer Richtung, die im Querschnitt ein sägenartiges Profil ergeben. Dadurch wird der Werkstoff sicher gehalten, kann aber bei geöffneter Spanneinrichtung leicht vorgeschoben werden.

Bei *Halbautomaten* werden die Werkstücke in mitgelieferten Spannfuttern mit Grund- und Aufsatzbacken (Abb. 50) gespannt. Dabei werden meist nur letztere dem Werkstück angepaßt, so daß bei einer neuen Einstellung auch nur der Satz Aufsatzbacken ausgetauscht werden muß. Bei diesen Backen handelt es sich stets um Sonderanfertigung, bei der man auf harte Backen zurückgreifen sollte. Grundbedingung für die Anfertigung ist, daß die Spannflächen unter dem Spanndruck auf dem Futter selbst ausgedreht werden. Um dies ausführen zu können, wird für Außenspannung eine Walze und für Innenspannung ein Ring mitgespannt, die aber jeweils die eigentlichen Spannflächen frei lassen. Weiterhin ist darauf zu achten, daß die Backe nicht am ganzen Umfang auf dem Werkstück aufliegt, sondern nur in einem schmalen Streifen. Ihr Durchmesser muß deshalb ein wenig größer als der des Werkstückes sein.

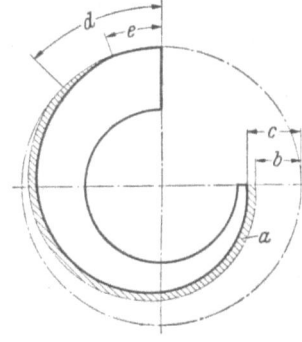

Abb. 45. Querschlittenkurve in Ansicht. Nacharbeitungsmöglichkeit zur Veränderung des Hubes. *a* nachgearbeitete Fläche; *b* Arbeitsweg bei ursprünglicher Kurve; *c* Arbeitsweg bei nachgearbeiteter Kurve; *d* Auslauf bei ursprünglicher Kurve; *e* Auslauf bei nachgearbeiteter Kurve.

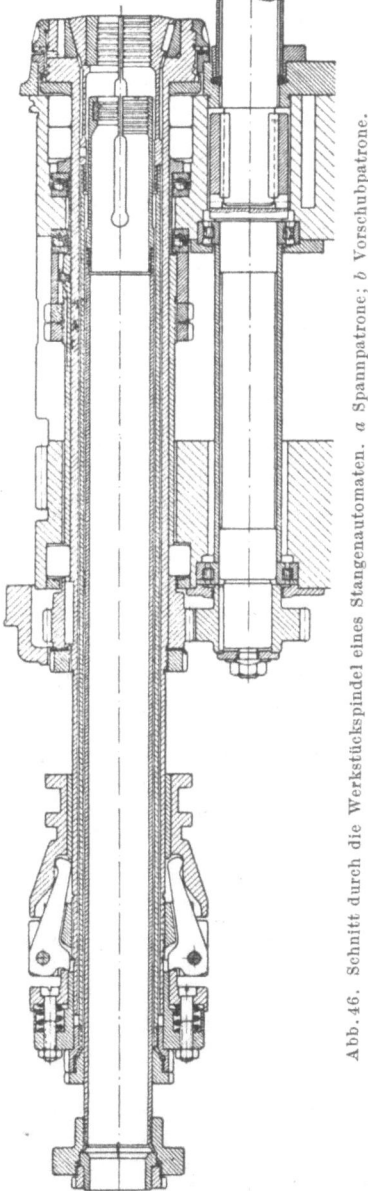

Abb. 46. Schnitt durch die Werkstückspindel eines Stangenautomaten. *a* Spannpatrone; *b* Vorschubpatrone.

Zum *sicheren Halt* der Rohlinge in der Spanneinrichtung werden in die Spannflächen ebenfalls Zähne eingedreht, die je nach der Art des Werkstückes und seiner Oberflächenempfindlichkeit scharf oder stumpf ausgeführt werden (Abb. 51). Bei sehr empfindlichen, an der Spannstelle bereits fertig bearbeiteten Teilen muß manchmal auf Zähne ganz verzichtet werden.

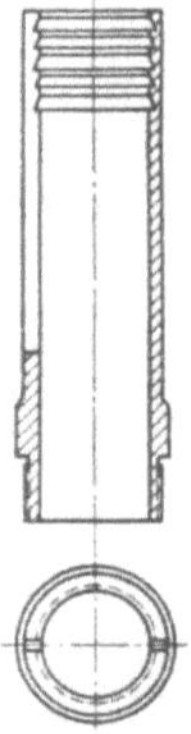

Nach dem Härten werden die einzelnen Backen wegen des unvermeidlichen Verzuges auf die Grundbacken aufgeschraubt und *geschliffen*. Nur so ist mit einer genau rund laufenden Spanneinrichtung zu rechnen.

Die Backen sollen so *niedrig* wie möglich sein (Abb. 52), damit das Werkstück dicht am Spannfutter und damit dicht am vorderen Spindellager gehalten wird. Auch werden die Beanspruchungen bei niedrigen Backen günstiger. Einzelheiten für die

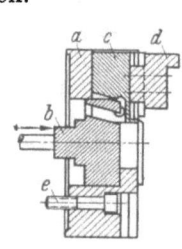

Abb. 47. Vorschubpatrone für Stangenautomaten.

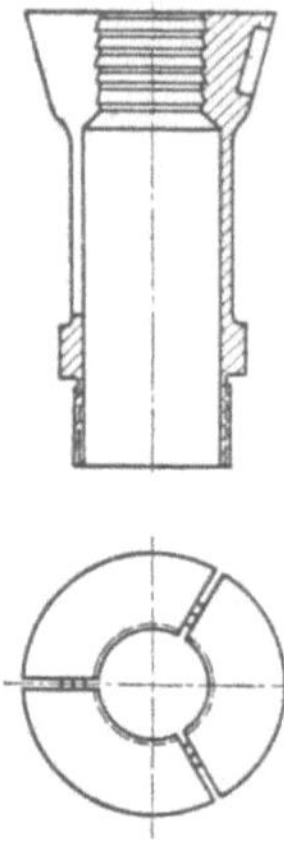

Abb. 48. Spannpatrone für Stangenautomaten mit Zugspannung.

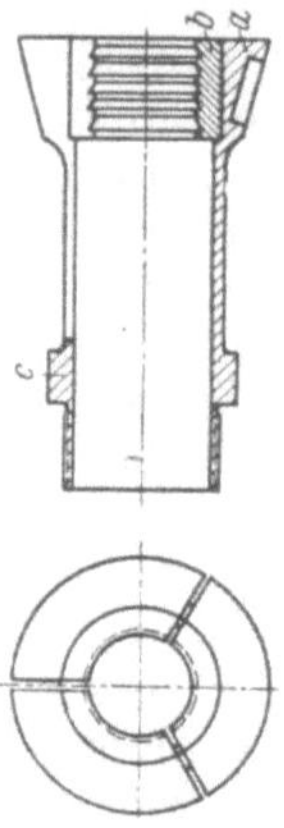

Abb. 49. Spannpatrone mit Spanneinsätzen für Stangenautomaten. *a* Spannpatronenkörper; *b* Spanneinsätze; *c* Führungsbund der Spannpatrone in der Spindelbohrung.

Abb. 50. Dreibackenfutter für Halbautomaten. *a* Futterkörper; *b* Zugkolben für Backenbewegung; *c* Grundbacke; *d* Aufsatzbacke, auf Grundbacke aufgeschraubt; *e* Befestigungsschraube.

Form der Aufsatzbacken lassen sich allgemein nicht angeben, da diese ausschließlich von der Form des Werkstückes und der Größe des Spannfutters abhängen.

Lassen sich Werkstücke ihrer Form wegen nicht in Dreibackenfuttern spannen, so werden *Zweibackenfutter* oder *Spannzangen* (Abb. 53) verwendet. Letztere haben noch besondere Bedeutung bei Magazinautomaten, bei denen sehr häufig Spannzangen angebracht sind. Durch auswechselbare Backen lassen sie sich auf jeden Spanndurchmesser einrichten.

Bei allen Spanneinrichtungen muß

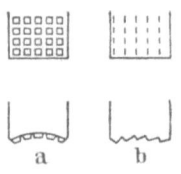

Abb. 51. Ausführungsmöglichkeiten für Spannflächen von Aufsatzbacken. *a* Abgeflachte Spitzen für oberflächenempfindliche Werkstücke; *b* scharfe Schneiden zum Einkrallen in Rohteile.

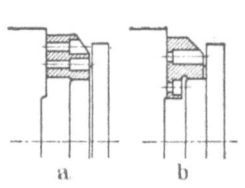

Abb. 52. Ausführungen von Aufsatzbacken. *a* Ungünstige Anordnung der Backe und Schrauben; *b* günstige Backenform durch weiten Schraubenabstand.

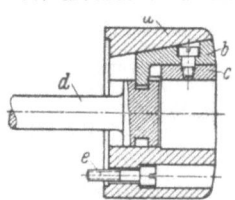

Abb. 53. Zangenspannfutter für Magazin- oder Halbautomaten. *a* Futterkörper; *b* Spannzange; *c* Einsatz der Spannzange zur Veränderung der Spanndurchmesser; *d* Zugstange zur Betätigung; *e* Befestigungsschrauben.

man sich über die erforderliche *Genauigkeit* klar sein, mit der das eingespannte Teil rundlaufen soll. Bei einer neuen Maschine kann man dabei verlangen, daß ein zylindrischer Prüfdorn, der gegenüber dem Nenndurchmesser ein Untermaß von 10 PE[1] hat, auf 150 mm Länge höchstens 0,15 mm schlägt. Im Betrieb wird sich dieser Wert verschlechtern, er sollte aber stets angestrebt bleiben und

---

[1] Paßeinheit: $1 \text{ PE} = 0{,}005 \sqrt[3]{\text{Durchmesser}}$; Maße in mm.

von Zeit zu Zeit durch Nacharbeit wieder erreicht werden. Nur so läßt sich eine genaue Arbeit von der Maschine erwarten. Spannzangen (Abb. 48 u. 49) müssen mit ihrer hinteren Abstützung genau und spielfrei in der Spindelbohrung gleiten, ihr Kegel muß genau mit dem Spindelkegel übereinstimmen. Spannfutter müssen durch einen kräftigen Spindelflansch gehalten sein, der kräftig genug ist, um durch den Spanndruck nicht verbogen zu werden. Bei eintretenden Spannungenauigkeiten achte man in erster Linie auf diese Punkte. Wenn hier alles in Ordnung ist, müssen die Spannflächen der Aufsatzbacken oder Zangen nachgeschliffen werden.

Die *Betätigung der Spannfutter*, besonders auf Halbautomaten, erfolgt bei den meisten Maschinen mit Preßluft, nur selten werden elektrische Spanner benutzt. Dabei bringt es die Anlage mit sich, daß der einmal eingestellte Spanndruck stets erhalten bleibt, da er sich aus dem Kolbendurchmesser und dem Luftdruck ergibt. Bei der Bearbeitung dünnwandiger Werkstücke, die nicht sehr widerstandsfähig gegen Verformung sind, treten dabei leicht Schwierigkeiten auf. Für die Schruppbearbeitung ist eine feste Spannung erforderlich, damit die Teile nicht aus dem Futter herausgerissen werden. Nach der Schlichtbearbeitung, beim Öffnen der Backen, zeigt sich dann, daß die Teile nicht rund sind, da sie in verspanntem Zustand gedreht wurden und nachher wieder in die alte Form zurückgehen. Vielfach sind diese Teile dann überhaupt nicht verwendbar.

Es ist darum erforderlich, bei Druckluftspannungen eine *Zweidruckspannung* vorzusehen, die es gestattet, nach der Schruppbearbeitung von der starken Spannung auf einen geringeren Druck zurückzugehen, so daß die Verformung der Teile so gering bleibt, daß sie nicht mehr stört. Derartige Einrichtungen werden für Mehrspindelautomaten geliefert, und es muß unbedingt angeraten werden, trotz des höheren Anschaffungspreises diese Einrichtung zu beschaffen oder später anbauen zu lassen. Zwischen der Spannung mit hohem Druck und niedrigem Druck ist es dabei zweckmäßig, die Spannbacken etwas zu lüften, damit deren Selbsthemmung überwunden ist. Der Luftdruck läßt sich über ein Drosselventil leicht vermindern. Die Luftzuleitung, welche am hinteren Ende der Spindeltrommel sitzt und deren Schaltbewegung nicht mitmacht, führt dann Luft zweier verschiedener Drücke und regelt deren Zufuhr zu den betreffenden Spindeln.

20. Durchführung der Einstellung. Wenn mit der Einstellung eines Mehrspindelautomaten begonnen wird, müssen die geschilderten Vorarbeiten beendet sein. Außer dem Einstellplan mit den erforderlichen Maßen stehen die Werkzeuge, Kurven und Spanneinrichtungen zur Verfügung. Letztere werden zuerst auf die Maschine genommen und auf Rundlaufgenauigkeit überprüft. Dann werden für jeden einzelnen Schlitten die Kurven aufgesetzt und die erreichten Wege im Leerlauf gemessen. Endlich werden bei Stangenautomaten der Werkstoffanschlag und der Werkstoffvorschub auf Länge gestellt, wobei man eine Zugabe von $0{,}3 \cdots 0{,}5$ mm vorsieht, um die Stirnfläche des Werkstückes später plandrehen zu können.

Nach dem Einführen eines Werkstückes bzw. einer Stange wird mit dem *Aufbauen der Werkzeuge* spindelweise begonnen. Dabei läßt man jeden einzelnen Arbeitsgang so oft durchlaufen, bis alle Stähle auf genaues Maß schneiden. Um nach jedem Schlittenrücklauf nicht jedesmal eine Spindeltrommelschaltung zu haben, wird diese zunächst ausgeschaltet, wozu bei den meisten Maschinen ein besonderer Handgriff vorgesehen ist. Erst wenn nach mehrmaligem Überdrehen die Werkzeuge der ersten Spindelstellung richtig stehen, wird die Trommelschaltung für die Dauer einer einzigen Schaltung eingerückt, so daß das überdrehte Teil zu den Werkzeugen der nächsten Spindelstellung geschaltet wird. So wird stufenweise vorgegangen, bis alle Werkzeuge aufgebaut sind.

Tabelle 6. **Bearbeitungswerte zur Erreichung günstiger Standzeiten bei Mehrspindelautomaten.**

Werkstoff	Schnittgeschwindigkeit in m/min					Vorschübe in mm/U						
	Drehen mit Schnellstahl	Drehen[1] mit Widia XX	Drehen[1] mit Widia X8	Bohren	Gewinde-schneiden	Längsdrehen	Bohren mit Bohrer ⌀				Einstechen mit Formscheiben-stählen	Abstechen
							5	10	15	20	28		
Automatenstahl	50···70	80···140	25···60	35···55	10···15	0,12···0,18	0,10	0,12	0,14	0,16	0,18	0,02···0,06	0,03···0,12
Stahl 50···60 kg	32···40	70···120	20···60	24···30	8···10	0,10···0,15	0,08	0,10	0,12	0,14	0,16	0,02···0,06	0,03···0,10
Stahl 60···85 kg	25···35	40···90	15···50	18···26	7···10	0,10···0,15	0,08	0,10	0,12	0,14	0,16	0,02···0,06	0,03···0,10
Stahl 85···110 kg	20···30	40···70	15···40	15···24	6···8	0,08···0,12	0,05	0,6	0,08	0,10	0,14	0,02···0,05	0,02···0,08
Stahl 110···140 kg	18···25	25···40	10···30	14···20	5···7	0,08···0,12	0,04	0,6	0,08	0,10	0,14	0,02···0,04	0,02···0,08
Stahlguß 50···70 kg	20···30	40···70	20···40	15···24	5···7	0,08···0,12	0,04	0,5	0,07	0,10	0,14	0,02···0,05	0,02···0,08
Grauguß bis 200 Brinell	18···24	Widia N:	50···70	14···20	5···7	0,20···0,40	0,10	0,14	0,18	0,22	0,25	0,02···0,08	0,05···0,20
Bronze	80···100	Widia N:	200	60···80	12···20	0,20···0,50	0,10	0,15	0,20	0,25	0,30	0,03···0,10	0,05···0,20
Messing	80···100	Widia N:	200	60···80	12···20	0,20···0,50	0,10	0,15	0,20	0,25	0,30	0,03···0,10	0,05···0,20
Aluminium	100···180	Widia N:	600	70···140	20···40	0,10···0,15	0,08	0,10	0,10	0,12	0,14	0,03···0,10	0,02···0,12

[1] Diese Werte gelten natürlich sinngemäß auch für die entsprechenden Böhlerit-, Miramant-, Rheinit- und Titanit-Hartmetalle.

Zum Drehen eines Werkstückes müssen die *Spindeldrehzahlen* der zulässigen Schnittgeschwindigkeit angepaßt werden. Hierbei ist zu beachten, daß die Schnittgeschwindigkeit auf einem Mehrspindelautomaten stets kleiner zu wählen ist als sonst bei Drehbänken üblich, da bei diesen mit einer Standzeit von nur einer Stunde gerechnet werden kann, während bei Mehrspindelautomaten je nach dem Schwierigkeitsgrad des Werkzeugsatzes eine Standzeit von einer Schicht bis zu einer Woche erforderlich ist. Gute Richtwerte für Schnittgeschwindigkeiten und Vorschübe bei verschiedenen Werkstoffen und Schneidwerkzeugen gibt Tabelle 6. Aus den Vorschüben und Spindeldrehzahlen ergeben sich dann auch die erreichbaren Laufzeiten, die durch die Wechselräder des Steuerungsantriebs eingestellt werden. Praktisch ist es, die Wechselräder für Schnittgeschwindigkeit und Vorschub bereits auf dem Einstellplan anzugeben, der damit allerdings nur für einen bestimmten Automaten Gültigkeit hat. Eine Berichtigung der vorgeschriebenen Bearbeitungswerte erfolgt nach der Einstellung, wenn ein Probelauf vorgenommen wird. Hierbei werden die anfallenden Werkstücke auf Maßgenauigkeit und Oberflächenbeschaffenheit, die Werkzeuge auf Haltbarkeit und Standzeit beobachtet. Ein solcher Probelauf unter Beobachtung der Maschine durch den Einrichter ist erforderlich, weil sich die Werkzeuge nach dem ersten Aufschrauben durch die Maschinenerschütterungen leicht noch etwas setzen können, so daß die Werkstückmaße um Bruchteile von Zehntelmillimetern falsch werden. Erst nach einer gewissen Betriebszeit von 1 bis 2 Stunden kann man mit dem Beharrungszustand einer neu eingestellten Maschine rechnen.

Halbautomaten werden ebenso wie die Stangenautomaten eingerichtet. Jedoch muß hierbei besondere Obacht auf die Spannorgane gegeben werden, ob diese die Werkstücke sicher spannen, ob die Spannung schnell durchführbar ist und genauen Rundlauf ergibt.

Durchführung der Einstellung.

Um Zeitverluste und eine Verlängerung der Nebenzeit zu vermeiden, versucht man in jedem Fall, die *Spannzeit in die Hauptzeit einzuordnen*. Dabei muß man für jeden Spannvorgang einen Zeitbedarf von 20 Sekunden ansetzen. Betriebserfahrungen haben gelehrt, daß bei achtstündiger Arbeitszeit mit Sicherheit nur drei Spannungen in der Minute durchgeführt werden konnten.

Bei Halbautomaten mit feststehenden Werkstücken bleibt die Spannzeit ohne Einfluß auf die Arbeitszeit, wenn diese gleich lang oder länger als die Spannzeit ist, da ein *fünftes Spannfutter* für die Spannung zur Verfügung steht. Bei umlaufen-

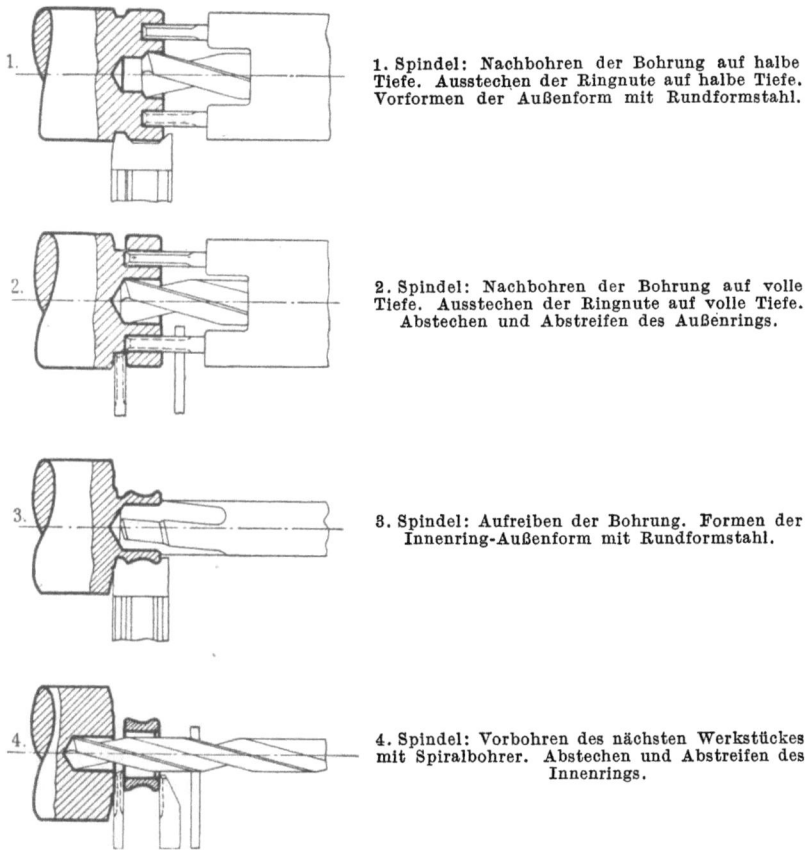

1. Spindel: Nachbohren der Bohrung auf halbe Tiefe. Ausstechen der Ringnute auf halbe Tiefe. Vorformen der Außenform mit Rundformstahl.

2. Spindel: Nachbohren der Bohrung auf volle Tiefe. Ausstechen der Ringnute auf volle Tiefe. Abstechen und Abstreifen des Außenrings.

3. Spindel: Aufreiben der Bohrung. Formen der Innenring-Außenform mit Rundformstahl.

4. Spindel: Vorbohren des nächsten Werkstückes mit Spiralbohrer. Abstechen und Abstreifen des Innenrings.

Abb. 54. Herstellung von Kugellagerringen auf einem Vierspindelautomat von der Stange.

den Werkstücken liegt der gleiche Zustand vor, wenn es gelingt, alle Arbeitsgänge so zu verteilen, daß *eine Spindelstellung frei* von Werkzeugen bleiben kann. Ist ein solcher Verzicht auf eine Spindelstellung nicht möglich, weil die Werkzeugzahl zu groß ist, so muß versucht werden, die Werkzeuge an der Spannspindel *schneller* als die anderen Werkzeuge in die Ausgangsstellung *zurücklaufen* zu lassen, damit die verbleibende Zeit für das Spannen ausgenutzt werden kann. Eine solche Einstellung ist meist dann möglich, wenn es sich um Werkstücke mit längerer Stückzeit handelt.

Die Wichtigkeit dieser Maßnahme geht aus folgender Überlegung hervor. Die Hauptzeit eines Teiles ist 40 Sekunden, die Nebenzeit 1 Sekunde, die Spannzeit 20 Sekunden. Wird die Spannzeit in die Hauptzeit hineingelegt, so dauert die

Herstellung eines Teiles 41 Sekunden. Erfolgt die Spannung aber während der Nebenzeit, so werden für ein Stück 61 Sekunden gebraucht.

VI. Arbeitsbeispiele.

21. Einstellungen für Stangenautomaten. Die Auswirkung der aufgeführten Regeln läßt sich am besten an Arbeitsbeispielen verdeutlichen. Die in den folgenden Abbildungen gezeigten Einstellpläne sind in den meisten Fällen klar verständlich. Es wird deshalb nur auf die besonderen Einzelheiten aufmerksam gemacht, durch welche das Teil herstellbar, wirtschaftlich oder genau wird. Die Arbeitsbeispiele geben gleichzeitig einen guten Anhalt für Aufgaben, die im Betrieb zu lösen sind, da die verschiedensten Formen von Werkstücken behandelt werden.

Für die Herstellung von *Kugellagerringen aus Stangen* wird zur Einsparung von Rohstoff und zur Verbilligung Außen- und Innenring auf der gleichen Maschine

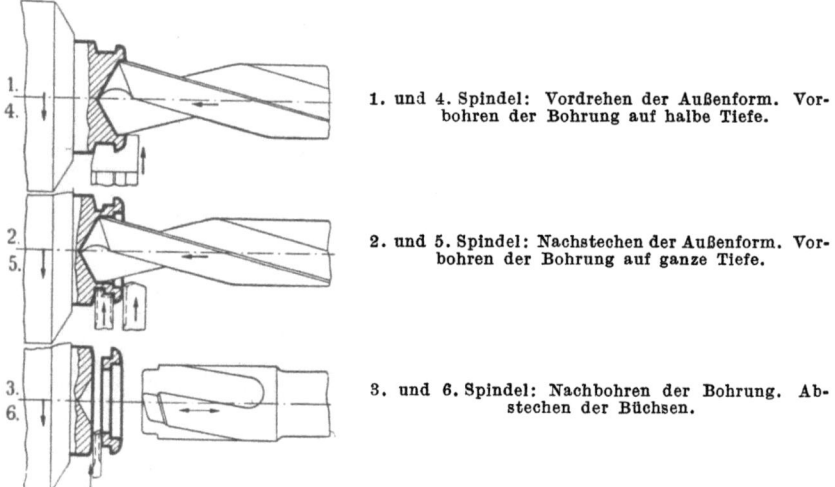

1. und 4. Spindel: Vordrehen der Außenform. Vorbohren der Bohrung auf halbe Tiefe.

2. und 5. Spindel: Nachstechen der Außenform. Vorbohren der Bohrung auf ganze Tiefe.

3. und 6. Spindel: Nachbohren der Bohrung. Abstechen der Büchsen.

Abb. 55. Bearbeitung von Büchsen auf einem Sechsspindelautomat, der als doppelter Dreispindler arbeitet.

gefertigt (Abb. 54). Es wird also nach jedem Arbeitsgang ein Außen- und ein Innenring fertig von der Maschine kommen. Um eine günstige Weguntertelung zu ermöglichen, muß die Werkstoffstange an der ersten Spindelstellung bereits vorgebohrt sein, so daß lediglich die Arbeit des Aufbohrens zu erledigen ist. Man läßt dafür an der letzten Spindelstellung, während der Innenring abgestochen wird, einen Spiralbohrer in einer Schnellbohreinrichtung durch den fertigen Innenring hindurch in den Werkstoff der nächsten Arbeitsstücke bohren. Um ein Hängenbleiben der abgestochenen Ringe auf dem Spiralbohrer zu vermeiden, muß ein Abstreifer (Abb. 36) vorgesehen werden. Wird die im Beispiel Abb. 54 gezeigte Arbeit auf einem Sechsspindelautomat eingestellt, so läßt man den Außenring nicht schon in der zweiten Spindelstellung abstechen, sondern erst in der dritten oder vierten. Dadurch gewinnt man Raum für ein weiteres Werkzeug, welches die Bohrung des Außenringes schlichtet und eine Kugellaufbahn eindreht. Eine höhere Spindelzahl würde also ein vollständigeres Werkstück bedeuten, jedoch ist in der Praxis die dargestellte Einstellung am häufigsten.

Einfache Werkstücke, zu deren Herstellung vier Spindeln nicht voll mit Werkzeugen besetzt werden können, fertigt man an nur drei Spindeln (Abb. 55). Da es Dreispindelautomaten aber nicht gibt, so verwendet man einen Sechsspindler, der als doppelter Dreispindler eingerichtet wird. Auch hierbei werden also stets zwei Werkstücke fertig. Allerdings muß außer an der ersten auch an der vierten Spindel ein Werkstoffvorschub durchführbar sein. Bei der Einstellung als doppelter Dreispindler kann an der 1. bis 3. Spindel ein anderes Teil gedreht werden als an der 4. bis 6., wenn nur für beide Stangendurchmesser und Werkstoff gleich sind. Vielfach wird man aber auch das gleiche Teil zweimal drehen lassen. Die Leistung einer solchen Maschine ist doppelt so groß als die eines Vierspindlers.

Sehr einfache Teile lassen sich auch dadurch wirtschaftlich auf einem Mehrspindelautomaten drehen, daß *mehrere hintereinander* bearbeitet werden (Abb. 56).

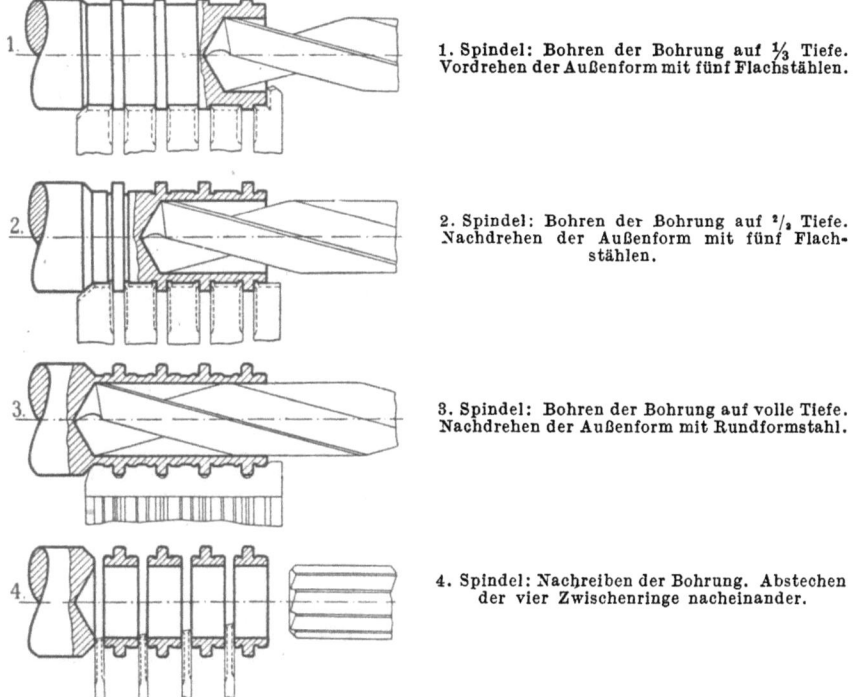

1. Spindel: Bohren der Bohrung auf $\frac{1}{3}$ Tiefe. Vordrehen der Außenform mit fünf Flachstählen.

2. Spindel: Bohren der Bohrung auf $^2/_3$ Tiefe. Nachdrehen der Außenform mit fünf Flachstählen.

3. Spindel: Bohren der Bohrung auf volle Tiefe. Nachdrehen der Außenform mit Rundformstahl.

4. Spindel: Nachreiben der Bohrung. Abstechen der vier Zwischenringe nacheinander.

Abb. 56. Drehen von vier Zwischenringen gleichzeitig auf einem Vierspindelautomaten.

Das Beispiel zeigt vier Bundbüchsen, bei denen der Werkstoffvorschub viermal die Büchsenbreite zuzüglich viermal den Abstich betragen muß, also im Beispiel $4 \cdot 15 + 4 \cdot 4 = 76$ mm. An drei Spindeln werden die Teile vorgedreht und geschlichtet, an der letzten Spindel wird die ganze Bohrung aufgerieben, wobei das Reibwerkzeug unabhängig beweglich sein muß, damit es schon vor dem Abstich der ersten Büchse in seine Ausgangsstellung zurückgegangen ist, und dann werden die Teile hier nacheinander abgestochen. Die Abstechstähle sind dafür so gegeneinander versetzt angeordnet, daß die jeweils noch vorderste Büchse zuerst abfällt. Der für die Zeitberechnung maßgebende Abstichweg ergibt sich aus der Wandstärke, die durchstochen werden muß, und dem dreimaligen Wegunterschied der Abstechstähle, im Beispiel $5 + 2 \cdot 3 = 11$ mm. Die Zahl der so hintereinander herstellbaren Werkstücke richtet sich nach deren Länge, dem Bearbeitungsumfang und der verlangten Genauigkeit. Die reine Laufzeit je Stück ist gleich groß, ob eines oder vier gedreht werden. Dagegen verteilt sich die Schaltzeit auf die Zahl der Werkstücke. In dem Beispiel Abb. 56 würde also die Grundzeit gleich Laufzeit plus $^1/_4$ Schaltzeit. Die Wirtschaftlichkeitsgrenze für hintereinandergedrehte Teile wird zwischen 3 und 5 Stück liegen, da sonst der Abstechweg zu lang und für die Grundzeit bestimmend wird.

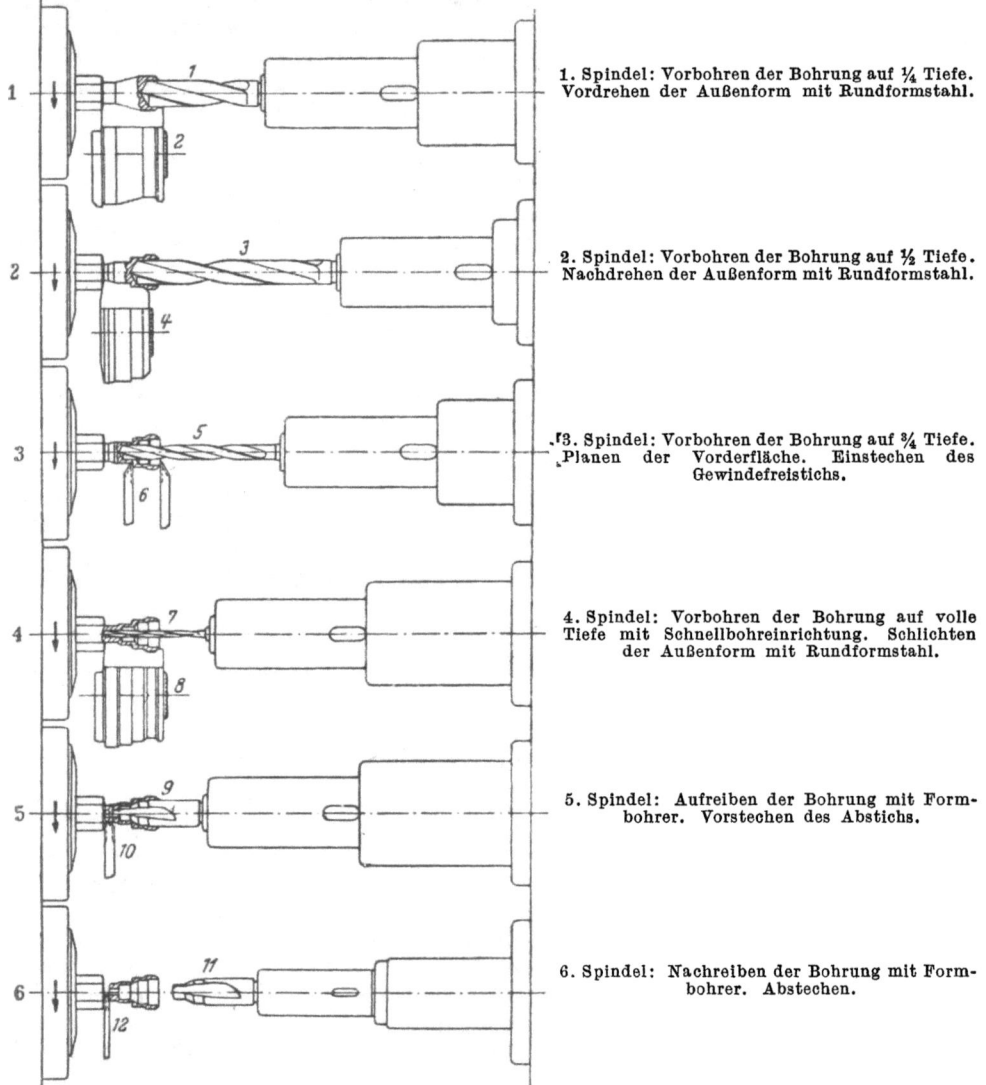

1. Spindel: Vorbohren der Bohrung auf ¼ Tiefe. Vordrehen der Außenform mit Rundformstahl.

2. Spindel: Vorbohren der Bohrung auf ½ Tiefe. Nachdrehen der Außenform mit Rundformstahl.

3. Spindel: Vorbohren der Bohrung auf ¾ Tiefe. Planen der Vorderfläche. Einstechen des Gewindefreistichs.

4. Spindel: Vorbohren der Bohrung auf volle Tiefe mit Schnellbohreinrichtung. Schlichten der Außenform mit Rundformstahl.

5. Spindel: Aufreiben der Bohrung mit Formbohrer. Vorstechen des Abstichs.

6. Spindel: Nachreiben der Bohrung mit Formbohrer. Abstechen.

Abb. 57. Arbeitsplan für die Herstellung eines Zündkerzenkörpers auf einem Sechsspindelautomaten.

Würde man die Einstellung Abb. 56 auf einem *Sechsspindelautomaten* vornehmen, so ließe sich die Bearbeitung der Bohrung nicht dreimal, sondern fünfmal unterteilen. Die Laufzeit wird entsprechend gekürzt, sie reicht aber nicht mehr aus, um an der letzten Spindel nacheinander erst aufzureiben und dann noch abzustechen. Eine nur vierfache Unterteilung des Bohrweges und Aufreiben an der fünften Spindel verkürzt die Arbeitszeit nicht genügend, um die hohen Kosten eines Sechsspindelautomaten zu rechtfertigen. Die Einstellung ist also besonders für einen Vierspindler geeignet.

Die Bearbeitung eines Zündkerzenkörpers auf einem Sechsspindelautomaten (Abb. 57) zeigt die *Unterteilung der Arbeitswege* von Längs- und Querschlitten. Die vier Spiralbohrer (*1, 3, 5* und *7* in Abb. 57) sind dadurch gewöhnliche Bohrer ohne Absätze, und es stehen noch zwei Spindeln für Aufreibwerk-

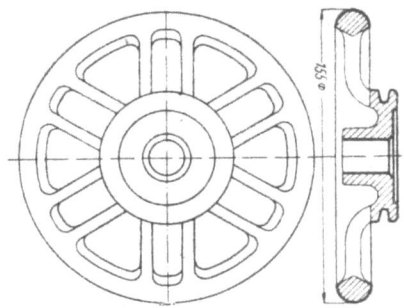

Abb. 58. Nähmaschinenhandrad.

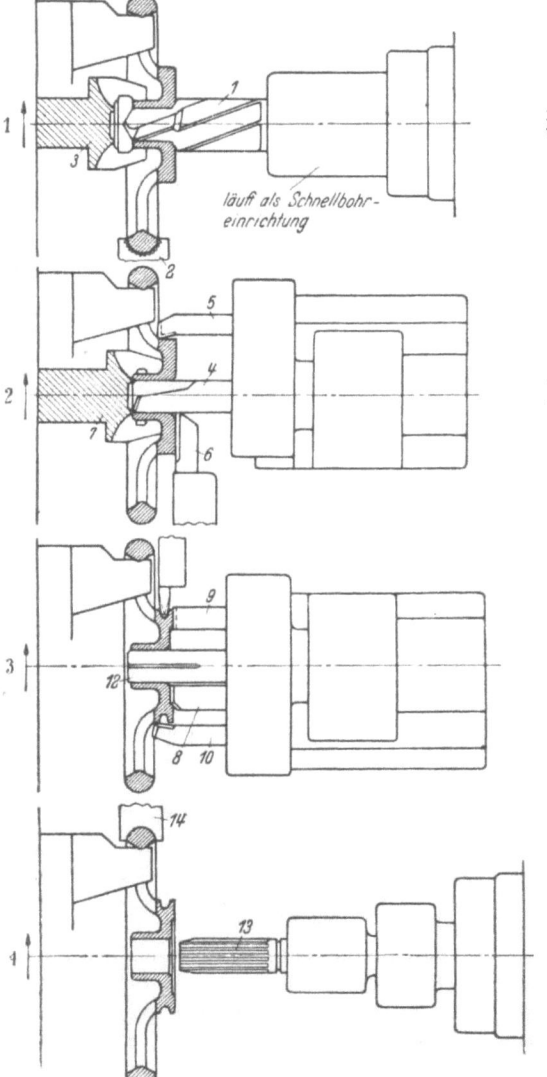

1. Spindel: Vorbohren der Bohrung mit abgesetztem Spiralbohrer. Vordrehen des Radkranzes mit Flachstahl.

2. Spindel: Aufreiben der Bohrung. Ausstechen des vorderen Freistichs. Planen der Stirnfläche. Überdrehen des Ansatzes.

3. Spindel: Drehen der Ringnute. Schlichten der Bohrung und Stirnfläche.

4. Spindel: Nachdrehen der Außenform und Schlichten der Bohrung mit frühem Rückgang. Ausspannen des fertigen Rades und Einspannen eines neuen Rohteiles.

Abb. 59. Bearbeitung eines Nähmaschinenhandrades auf einem Vierspindel-Halbautomaten.

zeuge zur Verfügung. Würde die gleiche Arbeit auf einem Vierspindelautomaten vorgesehen, so müßten abgesetzte Spiralbohrer verwendet werden, auf deren Nachteile schon hingewiesen wurde (Abschn. 16). Der Sechsspindler bringt also bei größerer Leistung die einfacheren Werkzeuge.

22. Einstellungen für Magazin- und Halbautomaten. Zur Bearbeitung eines *Nähmaschinenhandrades* (Abb. 58) auf einem Vierspindelautomaten spannt man das Werkstück zwischen den Speichen mit Backen, die sich von innen nach außen bewegen. So kann man es erreichen, daß kein Teil des Futters im Durchmesser

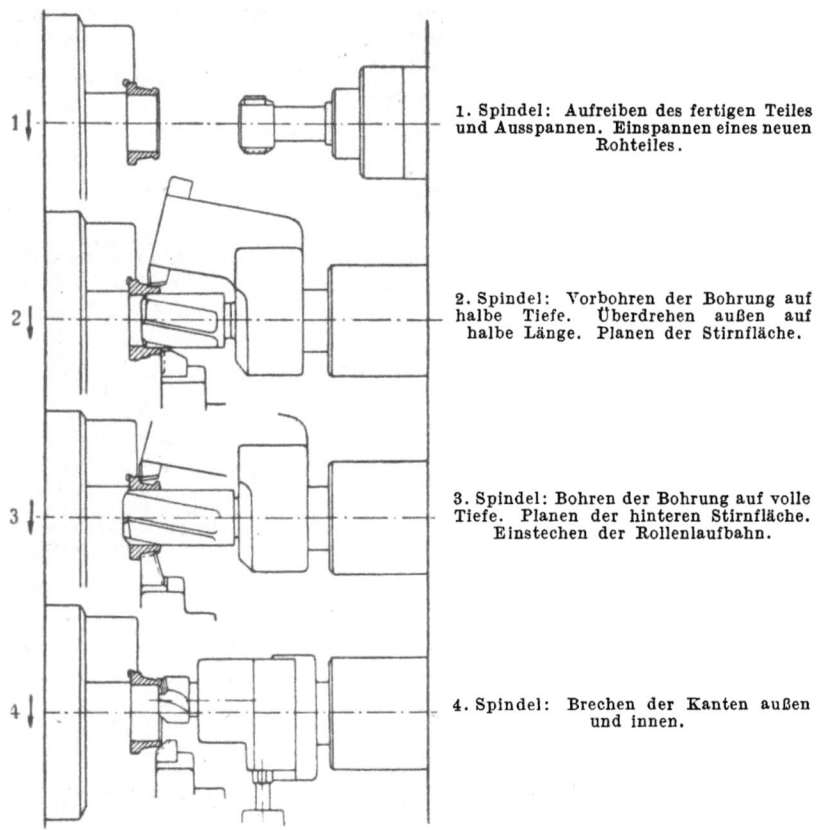

1. Spindel: Aufreiben des fertigen Teiles und Ausspannen. Einspannen eines neuen Rohteiles.

2. Spindel: Vorbohren der Bohrung auf halbe Tiefe. Überdrehen außen auf halbe Länge. Planen der Stirnfläche.

3. Spindel: Bohren der Bohrung auf volle Tiefe. Planen der hinteren Stirnfläche. Einstechen der Rollenlaufbahn.

4. Spindel: Brechen der Kanten außen und innen.

Abb. 60. Herstellung eines Innenrings eines Schrägrollenlagers auf einem Vierspindelautomaten in erster Aufspannung.

größer ist als das Handrad, da dieses die Grenze des Arbeitsbereiches eines Automaten darstellen wird. Die Einstellung zeigt Abb. 59. Wegen der starken Durchmesserunterschiede zwischen Radkranz und Nabe wird letztere mit Schnelldrehstählen bearbeitet, während für den Radkranz Hartmetallbestückung der Werkzeuge ratsam ist. Zum Ausspannen des fertigen Teiles und Einspannen eines neuen Rohlings kann keine Spindel frei von Werkzeugen bleiben, jedoch gehen die der vierten Spindelstellung früher in ihre Ausgangsstellung zurück, so daß Spannzeit bleibt, bis die Arbeit an den anderen Spindeln auch beendet ist. Wichtig ist noch, daß der Schruppstahl (*2* in Abb. 59) mit mehreren Spanbrechernuten versehen wird, um einen ausreichenden Spanabfluß zu gewährleisten.

Innenringe für Kegelrollenlager werden in zwei Aufspannungen aus vorgeschmiedeten Rohteilen gedreht. Bei der ersten Aufspannung (Abb. 60) wird der Rohling in einem Dreibackenfutter auf der rohen Außenfläche gespannt und die Bohrung und teilweise die Außenform gedreht. Die erste Spindelstellung ist dabei die Spannspindel. Da die vierte Spindelstellung durch das Abschrägen der Kante der Bohrung noch voll besetzt ist, muß diese in der ersten Spindelstellung nachgerieben werden. Sobald das Werkzeug dann zurückgegangen ist, kann mit dem Aus- und Einspannen begonnen werden. Bei der *zweiten Aufspannung* wird der in einigen Flächen fertige Ring in der Bohrung aufgenommen. Dafür wird ein Spreizring

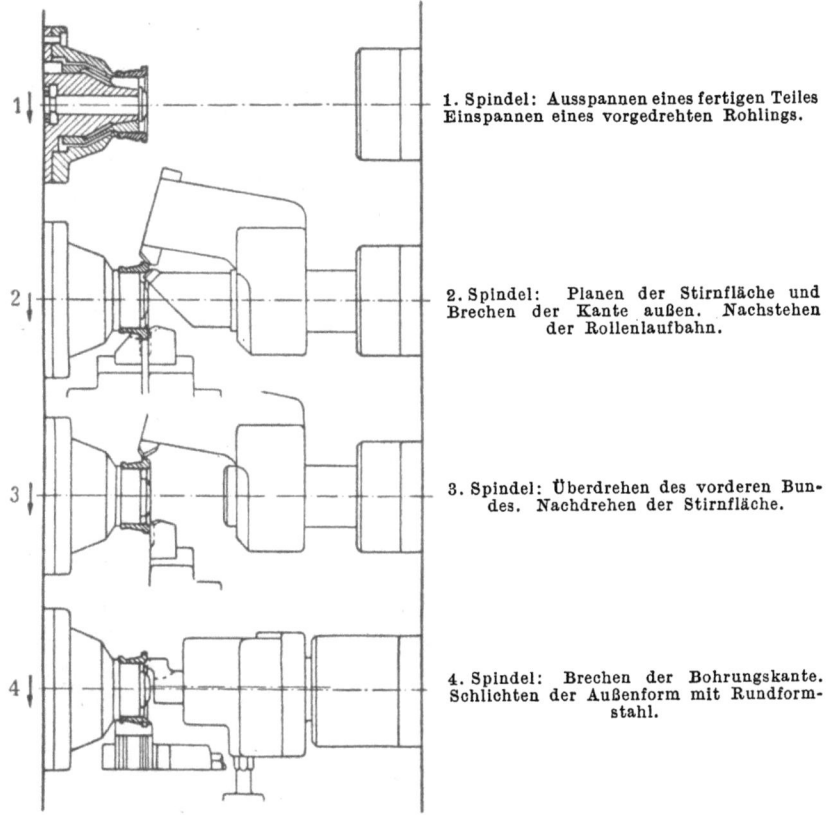

Abb. 61. Herstellung des Innenrings in zweiter Aufspannung auf einem Vierspindel-Halbautomat.

1. Spindel: Ausspannen eines fertigen Teiles Einspannen eines vorgedrehten Rohlings.

2. Spindel: Planen der Stirnfläche und Brechen der Kante außen. Nachstehen der Rollenlaufbahn.

3. Spindel: Überdrehen des vorderen Bundes. Nachdrehen der Stirnfläche.

4. Spindel: Brechen der Bohrungskante. Schlichten der Außenform mit Rundformstahl.

verwendet, da bei diesem die Verformung des Werkstückes geringer ist als bei Benutzung eines von innen spannenden Dreibackenfutters. Die Bearbeitung läßt sich gut auf drei Spindeln unterteilen (Abb. 61), so daß die Spannspindel frei von Werkzeugen bleibt. Zu beachten ist bei dieser Einstellung, daß die Längswege kurz sind, so daß die Planwege maßgebend für die Stückzeit werden.

Die Bearbeitung auf Senkrecht-Halbautomaten ist durch die Bewegung der Werkzeuge gekennzeichnet, die nacheinander eine Längs- und dann eine Planbewegung ausführen können. Die Aufspannmöglichkeit ist dabei vielfach besonders einfach durch die senkrechte Spindelstellung, da die Werkstücke von oben in die Spanneinrichtung eingelegt werden können.

Bei der Hinterradnabe, nach Abb. 62, steht die erste Spindelstellung zum Spannen zur Verfügung. In der 2. und 4. Spindelstellung wird mit reinem Längsweg geschruppt, während in Stellung 3 längs- und plangeschruppt und in Stellung 5 die kurvenförmige Ausdrehung hergestellt wird. In der letzten Spindelstellung wird dann allseitig geschlichtet.

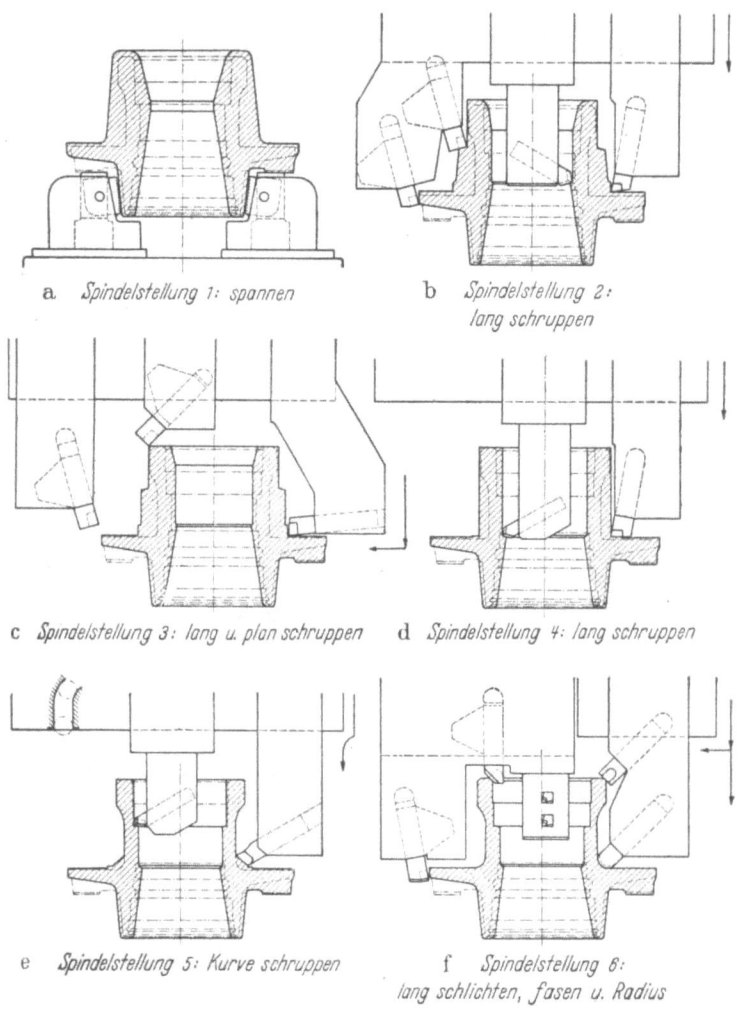

Abb. 62. Herstellung einer Nabe auf einem senkrechten Sechsspindelautomaten.

Bei einem Schwungrad, das in zwei Aufspannungen bearbeitet wird, läßt der Einstell- und Werkzeugplan der 2. Aufspannung (Abb. 63) die Vielseitigkeit der Bearbeitungsmöglichkeiten und einsetzbaren Werkzeuge erkennen. Neben Längs- und Planbewegungen der Werkzeuge kommt auch eine Schrägbewegung für die Hinterstechung in der 6. Spindelstellung vor.

Das Einrichten der *Halbautomaten mit feststehenden Werkstücken* entspricht genau dem geschilderten Verfahren. Bei der Aufstellung der Arbeitspläne muß

Einstellung für Magazin- und Halbautomaten. 47

man ganz besonders darauf achten, möglichst viele Arbeitsgänge durch Längswerkzeuge, also mit Längsvorschub, zu erledigen, da dann teure Werkzeuge mit radialer Bewegung vermieden werden. Beispielsweise wird man das Begrenzen der Werkstücklänge mit einem Längsstahl ausführen.

Für die in Abb. 64 gezeigte Bearbeitung eines *Strahlhahngehäuses* ist ein Automat

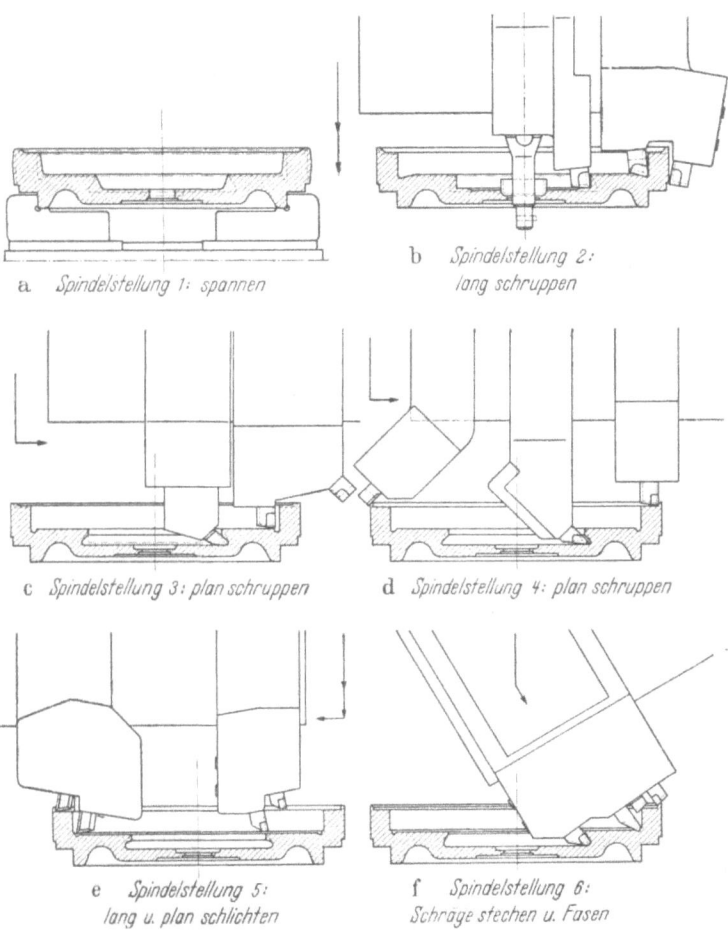

Abb. 63. Herstellung eines Schwungradkörpers auf einem senkrechten Sechsspindelautomaten.

mit feststehenden Werkstücken notwendig, da sich die Teile wegen ihrer sperrigen Form kaum aneinander vorbeidrehen würden. Auf dem gewählten Automaten macht dagegen das Aufspannen keine Schwierigkeit. Alle vier Werkzeugspindeln werden voll mit Werkzeugen besetzt, denn für das Spannen steht die fünfte Spannfutterstellung zur Verfügung. Der Einstellplan läßt erkennen, daß vorwiegend Bohrarbeit gemacht wird, für die der Automat besonders geeignet ist. Das Andrehen des vorderen Zapfens sowie Planen der Stirnfläche erfolgt mit festen Langdrehstählen.

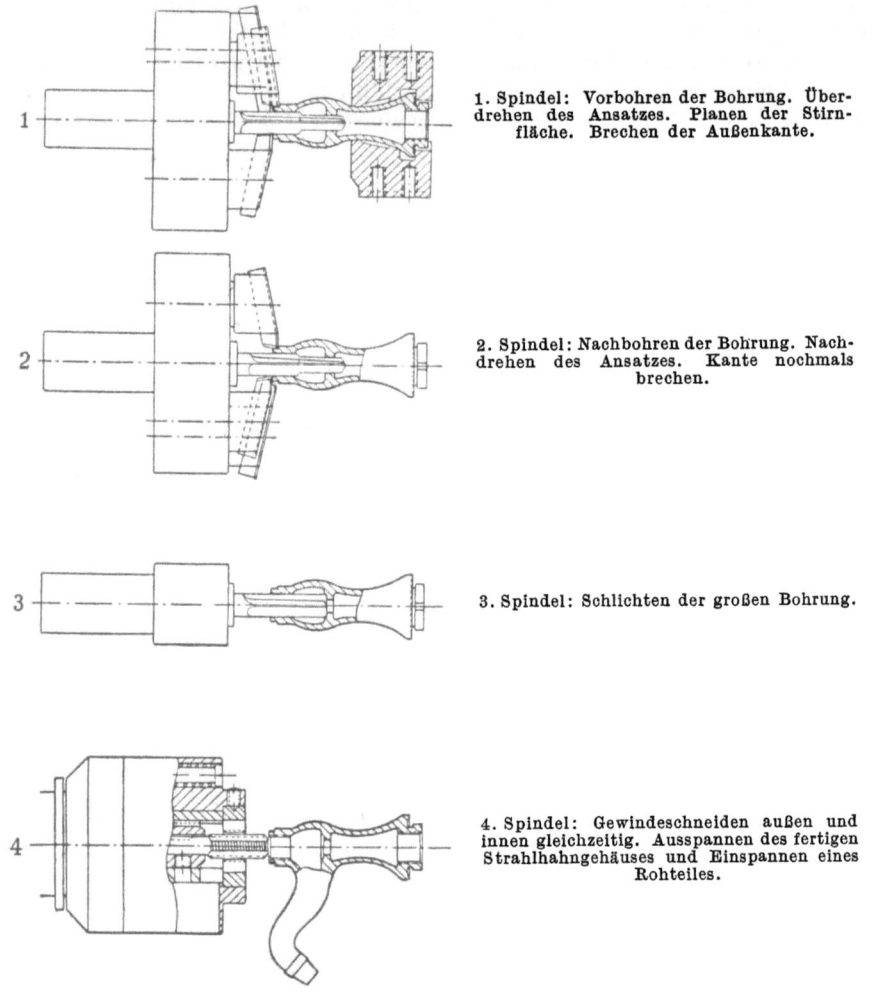

Abb. 64. Drehen eines Strahlhahngehäuses auf einem Vierspindelautomaten mit feststehenden Werkstücken.

VII. Die Leistung und ihre Berechnung.

23. Abhängigkeit der Leistung. Für die Leistung eines Mehrspindelautomaten sind vier Zeitanteile entscheidend, die abweichend von den bisherigen Gepflogenheiten im Automatenbetrieb nach den Grundbegriffen des Verbandes für Arbeitsstudien (Refa) festgelegt werden sollen.

a) Die *Rüstzeit*, die zum Einrichten und später, nach vollendeter Arbeit, zum Abrüsten gebraucht wird, also bei jedem Fertigungsauftrag nur einmal vorkommt. Ihre Größe richtet sich nach der Bauart und Spindelzahl des Automaten und vor allem auch nach Anzahl, Genauigkeit und Schwierigkeit der einzustellenden Bearbeitungsvorgänge, den benötigten Spannmitteln usw. Der Gesamtbetrag ist festzustellen und zu der aus der Stückzahl mal Stückzeit zu berechnenden Fertigungszeit hinzuzufügen (vgl. auch unter d, Verlustzeit). Die Angabe von Richtwerten macht große Schwierigkeit, da zu viele Einzelheiten von Einfluß sind. Einfache Einstellungen auf kleinen Vierspindelautomaten benötigen etwa 4 Stunden Rüstzeit, schwierige Einstellungen auf Sechsspindlern dagegen bis zu 30 Stunden.

b) Die *Haupt- oder Laufzeit*, die unmittelbar zur Bearbeitung des Werkstückes erforderlich ist und von dessen Form, Werkstoff und Bearbeitungsumfang abhängt. Die Berechnung wird im Abschnitt 24 besprochen.

c) Die *Nebenzeit*, während welcher der Automat alle zur Weiterführung der Bearbeitung notwendigen Bewegungen, wie Spindeltrommelschaltung, Werkstoffvorschub und -spannung und dergleichen, selbsttätig ausführt. Die Dauer der Nebenzeit ist von dem Werkstück unabhängig und für jeden Automaten bekannt. Bei Halbautomaten dagegen kommt noch die Spannzeit hinzu, sofern sich das Spannen nicht während der Hauptzeit erledigen läßt. Da das Spannen ein nicht selbsttätiger Vorgang ist, wird die Nebenzeit bei Halbautomaten durch die Geschicklichkeit der Bedienung beeinflußt.

Die Dauer der Nebenzeit ist in letzter Zeit durch Verbesserung der Getriebe erheblich verkürzt worden, so daß sie vielfach nur 50% der Nebenzeit einer älteren Maschine beträgt. Bei modernen Maschinen kann man mit Nebenzeiten von 0,01 bis 0,05 Minuten je nach Maschinengröße rechnen.

Hauptzeit und Nebenzeit zusammen ergeben die *Grundzeit*, die während des ununterbrochenen, störungsfreien Laufs der Maschine die reine Herstellungszeit für ein Stück darstellt. Diese Grundzeit wird von den Herstellerfirmen von Mehrspindelautomaten meistens als Stückzeit angegeben und auch garantiert, während die eigentliche Stückzeit nach der Festlegung von Refa noch die Verlustzeitzuschläge enthält. Man muß also bei derartigen Angaben stets sorgfältig prüfen, ob eine angegebene Stückzeit nicht in Wirklichkeit eine Grundzeit ist.

d) Die *Verlustzeit* erfaßt alle im Automatenbetrieb unvermeidlichen Stillstände und Arbeitsunterbrechungen einer Maschine zum Abschmieren, Reinigen, Stähle nachschärfen und wieder einstellen, neue Werkstoffstangen einführen, Ausbesserungen durchführen, Späne entfernen und ähnliche Arbeiten. Nach Refa sollte das Einführen der Werkstoffstangen anteilig auf das Stück berechnet und zur Nebenzeit hinzugezogen werden. Wegen verschiedener Länge der Werkstoffstangen und der Eigenart des Automatenbetriebes erscheint es aber zweckmäßiger, diese Arbeit zur Verlustzeit hinzuzurechnen.

Die Verlustzeit wird durch einen prozentualen Zuschlag zur Grundzeit berücksichtigt, und man erhält dadurch die *Stückzeit*. Beträgt beispielsweise die Grundzeit 1 Minute und der Verlustzeitzuschlag 20%, so ergibt sich eine Stückzeit von 1,2 Minuten. Die Stundenleistung des Automaten beträgt also nicht, wie man aus dem ununterbrochenen störungsfreien Lauf mit der Grundzeit von 1 Minute schließen könnte, 60 Stück, sondern nur 50 Stück.

Auch während des *Rüstens* können Störungen und Unterbrechungen eintreten, deshalb muß auch dort ein Verlustzeitzuschlag eingerechnet werden, der von den Betriebsverhältnissen abhängig ist. Einzelheiten hierüber sind aus Refa-Veröffentlichungen zu entnehmen.

Erfahrungswerte für den Verlustzeitzuschlag zur *Grundzeit* können nur mit Vorbehalt angegeben werden, da die Art der Arbeit und der verwendeten Werkzeuge, wie schon ausgeführt, von erheblichem Einfluß ist. Die Verlustzeit ist bei Stangenautomaten am größten, weil wegen starker Zerspanung viel Späne anfallen und die Werkzeuge schneller stumpf werden. Rechnet man den Stangenwechsel von Stangenautomaten zur Verlustzeit, so kann man etwa folgende *Richtwerte* für den Verlustzeitzuschlag annehmen:

Vierspindelstangenautomat . . . . 25···33%
Sechsspindelstangenautomat . . . . 28···35%
Vierspindelmagazin- oder -halbautomat . . . . 18···25%
Sechsspindelmagazin- oder -halbautomat . . . . 20···30%

24. Berechnung der Haupt- oder Laufzeit. Die Hauptzeit eines Werkstückes errechnet sich aus der zulässigen Schnittgeschwindigkeit v in m/min, dem hierfür maßgebenden Durchmesser D in mm, dem größten Drehweg L in mm und dem zulässigen Vorschub s für diesen Drehweg in mm/Werkstückumdr. Kennt man die Anzahl n der Werkstück- oder Werkzeugumdr./min, so berechnet man die Hauptzeit mit der Gleichung

$$t_h = L/ns. \qquad (1)$$

Im anderen Falle muß man erst die minutlichen Umdrehungen n bestimmen:

$$n = \frac{1000\,v}{D\pi}. \qquad (2)$$

Man kann die Hauptzeit aber auch unmittelbar berechnen mittels der aus Gl. (1) und (2) abgeleiteten Formel:

$$t_h = \frac{D\pi L}{1000\,v\,s}. \qquad (3)$$

Die Rechnung mit Gl. (2) und (1) ist vorzuziehen, weil man dann die am Automaten wirklich vorhandene Drehzahl n einsetzen kann.

Dabei sind die verschiedenen Drehwege L und die entsprechenden Vorschübe s für fast jedes Werkzeug verschieden. Bestimmend für die Hauptzeit ist dann dasjenige Werkzeug, bei welchem das Verhältnis L/s den größten Wert erreicht, d. h. das Werkzeug, welches zur Erledigung seiner Arbeit die meisten Werkstückumdrehungen erfordert. Bei Bohrern und einfachen Stählen bereitet die Berechnung des Kennwertes L/s keine Schwierigkeiten. Bei Sonderwerkzeugen mit zusätzlicher erhöhter Drehzahl, wie einer Schnellbohreinrichtung, für Werkzeuge mit unabhängigem Vorschub oder für Gewindewerkzeuge ist jedoch eine besondere Berechnung nötig. Ebenso müssen bei Automaten, bei denen jede Spindelstellung eine besondere Drehzahl haben kann, die Schnittgeschwindigkeiten entsprechend berücksichtigt werden.

Bei einer *Schnellbohreinrichtung*, die sich mit der Drehzahl n_b entgegen der Werkstückdrehung mit n Umläufen dreht und die dabei einen Vorschub von s_b mm je Umdr. hat, wird der Wert L/s:

$$L/s = \frac{L\,n}{s_b(n_b + n)} \qquad (4)$$

Handelt es sich bei dem betreffenden Werkzeug um einen unabhängigen Vorschub ohne zusätzliche Drehbewegung, so wird die Drehzahl n_b gleich Null, handelt es sich um eine Schnellbohreinrichtung ohne unabhängigen Vorschub, so wird $s_b = s$.

Beim *Gewindeschneiden* ergibt sich der Wert L/s aus der Gewindelänge und der Steigung. Da die Gewindespindel, die das Schneidwerkzeug trägt, aber zur Erreichung der langsamen Schnittgeschwindigkeit im gleichen Sinn wie die Werkstücke, aber langsamer als diese umläuft, muß auch wieder die entsprechende Drehzahl n_g eingeführt werden, die in diesem Fall aber von der Werkstückdrehzahl n abzuziehen ist. Denn für die Schnittgeschwindigkeit beim Gewindeschneiden ist nicht die Summe der Drehzahlen n und n_g maßgebend, sondern deren Unterschied.

Wenn das Gewindewerkzeug nach dem Schneidgang wieder von dem Werkstück ablaufen muß, sofern eben nicht ein selbstöffnender Schneidkopf Verwendung findet, muß die Gewindelänge in die Rechnung doppelt eingesetzt werden. Zwar erfolgt der Rücklauf stets schneller als der Vorlauf, meist mit der doppelten Geschwindigkeit, dafür wird aber die Umschaltzeit von Vor- auf Rücklauf vernachlässigt, so daß das Ergebnis mit ausreichender Genauigkeit richtig ist. Denn bei der Durchrechnung des Gewindeschneidens wird ja hauptsächlich überprüft, ob dieses auch nicht laufzeitbestimmend wird, was bei einer Einstellung stets ungünstig ist.

Für ein Gewindeschneidwerkzeug wird also

$$L/s = \frac{2 L_g n}{s_g(n - n_g)} \,. \tag{5}$$

Tabelle 7. **Notwendige Werkstückumdrehungen L/s bei der Bearbeitung eines Ventilgehäuses (Abb. 65).**

Spindel Nr.	Arbeitsvorgang	Arbeitsweg mm	Werkzeugträger	Vorschub mm/U	Relative Drehzahl U/min	Erforderliche Gesamtwerkstückumdrehungen
1	Vorbohren der großen Bohrung	50	Längsschlitten	0,48	335	104
2	Nachbohren der großen Bohrung	50	Längsschlitten	0,48	335	104
2	Brechen der Kante	50	Längsschlitten	0,48	335	104
2	Begrenzen der Länge	6	2. Querschlitten	0,06	335	100
3	Bohren der kleinen Bohrung	50	Schnellbohreinr.	0,12	1900	74
3	Drehen des Zapfens	50	Längsschlitten	0,48	335	104
4	Schlichten des Zapfens	1,5	4. Querschlitten	0,02	335	75
4	Gewindeschneiden	15	Gewindeschneideinr.	1,5	70	84
—	Laufzeitbestimmend	—	—	—	—	104

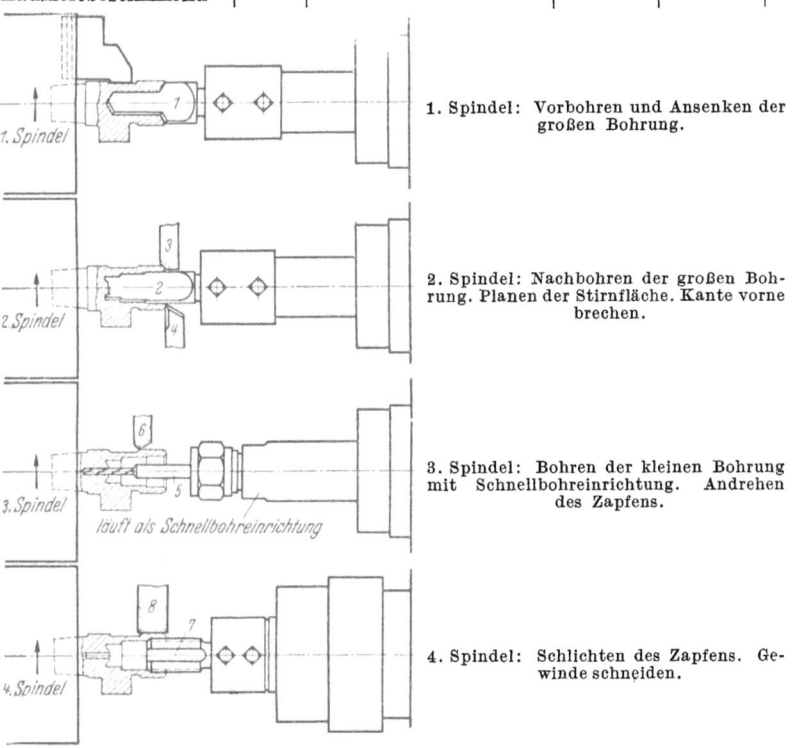

1. Spindel: Vorbohren und Ansenken der großen Bohrung.

2. Spindel: Nachbohren der großen Bohrung. Planen der Stirnfläche. Kante vorne brechen.

3. Spindel: Bohren der kleinen Bohrung mit Schnellbohreinrichtung. Andrehen des Zapfens.

4. Spindel: Schlichten des Zapfens. Gewinde schneiden.

Abb. 65. Bearbeitung eines Ventilgehäuses auf einem Vierspindel-Halbautomaten.

Das für die Stückzeit maßgebende Werkzeug wird in Zweifelsfällen zweckmäßig durch eine tabellarische Zusammenstellung (Tabelle 7) festgelegt. Im Beispiel wird die Herstellung eines Ventilgehäuses auf einem Vierspindelautomaten (Abb. 65) behandelt.

Wie sehr ein einzelner Arbeitsgang, wie etwa das Gewindeschneiden, auf einen Automaten Einfluß nehmen kann, zeigt das Beispiel eines Bolzen Abb. 66. Während bei der Bearbeitung auf einem Vierspindelautomaten das Gewindeschneiden gut in die Arbeitszeit eingegliedert werden kann, wird es bei einem Sechsspindelautomaten laufzeitbestimmend, so daß dieser unwirtschaftlich arbeitet. Denn alle anderen Werkzeuge sind früher fertig als das Gewindewerkzeug. Trotzdem kann die nächste Bearbeitungsstufe aber noch nicht beginnen, ehe das Gewinde fertiggestellt ist.

Statt durch Berechnung nach Gl. (1) bis (3) kann man die Hauptzeit auch durch ein logarithmisches Diagramm (Abb. 67) bestimmen, das von Lieferfirmen zu Automaten zugegeben wird. Dieses Schaubild ist durch Weiterentwicklung der im Werkstattbuch Heft 27 für bestimmte Automaten angegebenen Diagramme entstanden. Zur Aufzeichnung ist folgendes zu bemerken. Das Linienfeld ist überall mit demselben logarithmischen Maßstab gezeichnet worden. Da die Zahlenwerte für n (oben) und für s (unten) gegenläufig sind, empfiehlt es sich, die n-Linien ganz durchzuziehen und die s-Linien nur anzudeuten. Die Lage der Zahlenwerte ist gegenseitig bedingt. Die Linie für den Vorschub $s = 0,1$ muß mit derjenigen für $n = 100$ zusammenfallen. Die unter 45° gezogenen Linien für D schneiden sich auf der gestrichelten, bei $n = 318 = 1000/\pi$ gezeichneten Linie mit denjenigen Linien für v, die denselben Zahlenwert haben (vgl. die bekannte AWF-Maschinenkarte). Die senkrecht zu den D-Linien eingetragenen unbenannten Hilfslinien sollen nur die Richtung angeben; ihre Lage ist, von der 45°-Richtung abgesehen, beliebig.

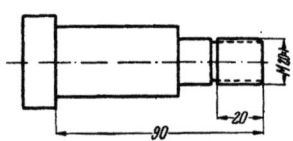

Abb. 66. Bearbeitung eines Gewindebolzens.

Drehzahl für Langdrehen: 420 U/min
Drehzahl für Gewindeschneiden: 95 U/min
Drehzahl für Gewinderücklauf: 190 U/min

Gewindeschneiden mit Schneideisen:
Arbeitsweg   90 Umdrehungen ⎫
Umschalten   10 Umdrehungen ⎬ des Werkstückes
Rücklauf   45 Umdrehungen ⎭
zusammen   145 Umdrehungen

Bearbeitung auf einem Vierspindelautomaten.
Dreifache Unterteilung des Längsweges von 90 mm.
Längsvorschub 0,18 mm/U. Bearbeitung erfordert 30/0,18 = 167 Werkstückumdrehungen.

Bearbeitung auf einem Sechsspindelautomaten.
Fünffache Unterteilung des Längsweges von 90 mm.
Längsvorschub 0,18 mm/U. Bearbeitung erfordert 100 Werkstückumdrehungen.

Das Gewindeschneiden geht schneller als die Bearbeitung auf dem Vierspindler, langsamer als bei dem Sechsspindler. Die Bearbeitung ist deshalb nur auf dem Vierspindler wirtschaftlich.

25. Ermittlung der Stückleistung. Zu der errechneten Hauptzeit t_h wird die Nebenzeit t_n hinzugenommen und zu der sich daraus ergebenden Grundzeit der Verlustzeitzuschlag gefügt. Damit ist bereits die Stückzeit bzw. die Stundenleistung der Maschine bekannt, also die Leistung ohne Berücksichtigung der Rüstzeit. Zur Bestimmung der Vorgabezeit muß die Rüstzeit zu dem Produkt aus Stückzeit mal Stückzahl hinzugerechnet werden. Als *Beispiel* sei ein Werkstück mit folgenden Bearbeitungswerten behandelt:

Größter Drehdurchmesser · · · · · · · · · · · · · · $D = 10$ mm
Schnittgeschwindigkeit · · · · · · · · · · · · · · · $v = 18$ m/min
Größter Längsdrehweg · · · · · · · · · · · · · · · $L = 25$ mm
Längsvorschub · · · · · · · · · · · · · · · · · · · $s = 0,1$ mm/U

Ermittlung der Stückleistung.

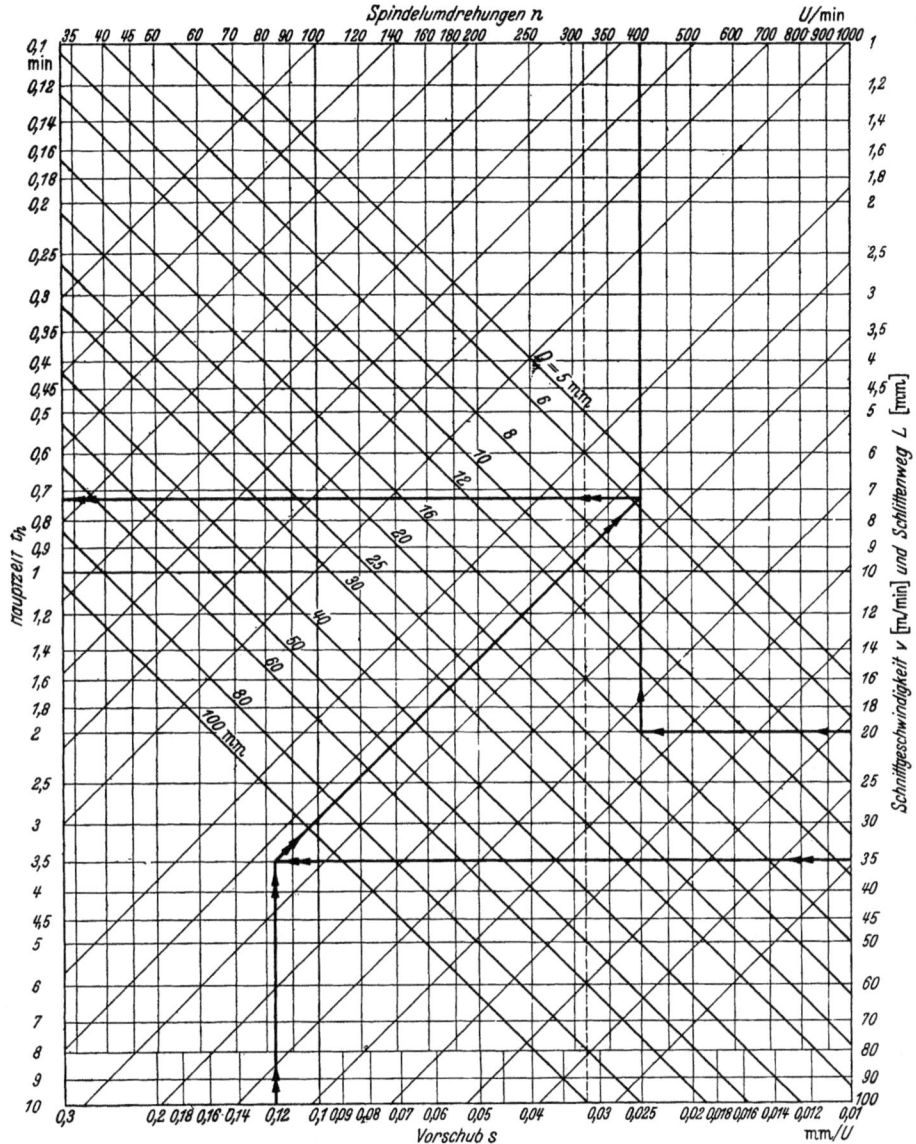

Abb. 67. Ermittlung der Hauptzeit für Dreharbeiten.

Beispiel: Schnittgeschwindigkeit $v = 20$ (rechts) und Drehdurchmesser $D = 16$ (45°-Linie) ergeben die Spindeldrehzahl $n = 400$ (oben). Weiter erhält man einen Schnittpunkt für Schlittenweg $L = 35$ (rechts) und Vorschub $s = 0{,}12$ (unten); geht man von diesem Punkt parallel zu den unter 45° gezogenen Hilfslinien bis zur Spindeldrehzahllinie für $n = 400$ und von da nach links, so kommt man auf die Hauptzeit $t_h = 0{,}73$.

a) Aus der Schnittgeschwindigkeit und dem Drehdurchmesser ergibt sich die erforderliche *Drehzahl* n

$$n = \frac{1000\,v}{D\,\pi} = \frac{1000 \cdot 18}{10 \cdot 3{,}14}$$

$$n = 575 \text{ U/min.}$$

b) Aus der Drehlänge L und dem Vorschub s ergibt sich die Zahl der *Werkstückumdrehungen* u, nach denen das Teil fertig bearbeitet ist.
$$u = L/s = 25/0{,}1,$$
$$u = 250 \text{ Umdrehungen}.$$
Bei einer Drehzahl $n = 575$ U/min nach a) ergibt sich eine *Hauptzeit* von
$$t_h = u/n = 250/575,$$
$$t_h = 0{,}435 \text{ Minuten}.$$

c) Rechnet man zu dieser Hauptzeit die Nebenzeit t_n mit beispielsweise $t_n = 0{,}015$ Minuten hinzu, so ergibt sich die *Grundzeit*
$$t_g = 0{,}435 + 0{,}015 = 0{,}45 \text{ Minuten}.$$

d) Zu der Grundzeit kommt ein Verlustzeitzuschlag hinzu, der im Beispiel für einen Stangenautomaten $t_{gv} = 33\%$ der Grundzeit betragen soll. Es wird damit die *Stückzeit*
$$t_{st} = 0{,}45 + \frac{33 \cdot 0{,}45}{100}$$
$$t_{st} = 0{,}6 \text{ Minuten}.$$
Die *Stundenleistung* der Maschine beträgt also
$$60/0{,}6 = 100 \text{ Stück}.$$

e) Bei beispielsweise 10 000 in einem Auftrag hintereinander zu fertigenden gleichen Teilen und einer Rüstzeit $t_r = 360$ Minuten beträgt die *Vorgabezeit*
$$T_z = 360 + 10\,000 \cdot 0{,}6,$$
$$T_z = 6360 \text{ Minuten bzw. 106 Stunden}.$$
Mit einer derartigen einfachen Rechnung kann also jederzeit die Grundzeit, Stückzeit und Vorgabezeit für eine Maschine bestimmt werden.

VIII. Erzielung und Erhaltung der Genauigkeit.

26. Die Herstellungsgenauigkeit der Maschine. Die auf Mehrspindelautomaten erreichbare Genauigkeit hängt von verschiedenen Einzelheiten ab. Diese werden behandelt und in Tabelle 8 Zahlenwerte dazu angegeben, damit jederzeit eine Maschine unmittelbar oder durch Messung der von ihr gefertigten Werkstücke auf ihre Genauigkeit geprüft und nötigenfalls nachgestellt werden kann.

Vorbedingung für genaue Werkstücke ist eine genaue Maschine, deren *Spindeltrommel*, wenn sie für den Arbeitsgang verriegelt ist, spielfrei im Spindelstock liegt, und zwar so, daß ihre Achse parallel zur Mschinenachse ist. Die in der Spindeltrommel im Kreis angeordneten Spindeln müssen sich spiel- und schlagfrei drehen, ihre Achsen untereinander und zu der Maschinenachse parallel und die Teilung der Spindeln sowie ihr radialer Abstand von der Trommelmitte gleichmäßig sein. Ebenso muß der Schaltwinkel der Spindeltrommel stets gleichmäßig bleiben, da bei verschieden großen Schaltwegen die einzelnen Werkstücke verschiedene Durchmesser erhalten würden.

Dichter Gang der *Werkzeugschlitten* — Längs- wie Querschlitten — in ihren Führungen sichert den Werkzeugen eine erschütterungsfreie Führung während des Schnittes. Gut gehaltene, regelmäßig geschmierte und bei Instandsetzungen nachgeschabte Schlittenführungen gewährleisten eine genaue Arbeit der Maschine. Die Bewegungsrichtung der Schlitten muß parallel oder senkrecht zur Drehachse sein, damit beim Drehen langer Flächen wirklich Zylinder und keine Kegel entstehen. Von ganz besonderer Wichtigkeit ist, daß die Aufnahmebohrungen für die Werkzeuge in dem Längsschlitten genau mit der Werkstückspindelachse übereinstimmen.

Genauigkeit bei Werkzeugen und Einstellung.

Tabelle 8.
Zulässige Fehler bei der Genauigkeitsmessung von Mehrspindelautomaten.

Gegenstand der Messung	zulässige Fehler
Bett gerade in Längsrichtung	±0,02 auf 1000 mm
Bett eben in Querrichtung	±0,04 auf 1000 mm
Obere Führung für den Werkzeugträger parallel zum Bett in der Senkrechtebene	0,01 auf 300 mm
Desgleichen in der Waagerechtebene	0,01 auf 300 mm
Spindelstock: Zentrierzylinder auf Rundlauf	0,01 mm
Bund auf axial schiebende Bewegung	0,01 mm
Sitz für das Stangenspannfutter auf Rundlauf	0,01 mm
Schlag des Stangenspannfutters, am eingespannten Prüfdorn gemessen	
bis 4 mm Werkstoffdurchlaß	0,025 auf 20 mm
von 4,1···6 mm ,,	0,03 auf 25 mm
,, 6,2···10 mm ,,	0,04 auf 35 mm
,, 10,2···18 mm ,,	0,05 auf 50 mm
,, 18,5···30 mm ,,	0,075 auf 75 mm
,, 31···50 mm ,,	0,1 auf 100 mm
über 50 mm ,,	0,15 auf 150 mm
Achsen der Arbeitsspindeln parallel zum Bett in der Senkrechtebene (am freien Ende des Dorns nur steigend)	0···0,02 auf 300 mm
Desgleichen in der Waagerechtebene	0,02 auf 300 mm
Arbeitsspindeln auf gleichen Abstand voneinander (gleiche Teilung)	0,015 mm
Arbeitsspindeln liegen auf einem Durchmesser konzentrisch zur Spindelträgerlagerung	0,015 mm
Spindelträger auf axial schiebende Bewegung	0,015 mm
Spindelträger „steht", d. h. hat kein Spiel in der Lagerung und in den Rasten. Zulässige Drehbewegung um die Achse, an einem in einer Arbeitsspindel sitzenden Dorn gemessen (Hebellänge ungefähr 0,3 m)	0,02 mm
Antriebswelle für Arbeits- und Schnellbohrspindeln parallel zum Bett	0,01 auf 100 mm
Werkzeugträger: Werkzeuglöcher parallel zum Bett in der Senkrechtebene	0,01 auf 100 mm
Desgleichen in der Waagerechtebene	0,01 auf 100 mm
Werkzeuglöcher fluchten mit den Arbeitsspindeln, gemessen an sämtlichen Löchern in einer Stellung des Spindelträgers und an einem Loch in allen übrigen Stellungen des Spindelträgers	0,02 mm
Begrenzung der Längsbewegung durch eine Kurve stets an der gleichen Stelle	0,02 mm
Genauigkeitsleistung der arbeitenden Maschine im Lieferwerk wird zugesichert:	
Maschine dreht rund	0,01 mm
Maschine dreht zylindrisch	0,015 auf 100 mm
Maschine dreht plan mit Abstechsupport (nur hohl)	0···0,01 auf 100 mm
	0···0,01 auf 100 mm ⌀

Um dies bei der Herstellung zu erreichen, werden die Bohrungen nach dem Zusammenbau der Maschine von einer Spindel des Spindelstocks aus gebohrt. Wird eine Maschine nach längerer Betriebszeit überholt und dabei auch die Führung des Längsschlittens nachgearbeitet, so daß er eine andere Stellung zum Spindelstock erhält, so muß in jedem Fall die Aufnahmebohrung ausgebüchst und neu aufgebohrt werden, damit die genaue Fluchtung der beiden Mittellinien gesichert ist.

Auch die Stellung der Spindeltrommel in den einzelnen *Schaltstellungen* läßt sich bei den meisten Maschinen einstellen, um gewisse Ungenauigkeiten nach längerer Betriebszeit ausschalten zu können. Der die Trommel in Arbeitsstellung verriegelnde Bolzen legt sich auf Anschlagstücke, die in die Spindeltrommel eingesetzt werden und die genaue Lage festlegen. Durch Auswechseln eines solchen

Anschlagstückes gegen ein höheres oder niedrigeres läßt sich die Trommelstellung berichtigen.

27. Genauigkeit bei Werkzeugen und Einstellung. Nächst der Maschine sind die *Werkzeuge* und ihre gute *Befestigung* auf der Maschine von großem Einfluß auf die erzielbare Werkstückgenauigkeit. Werkzeuge, die sehr schwer sind oder durch ihr Eigengewicht durchhängen, werden niemals genau gleichmäßige Teile erzeugen. Auch bei sehr schweren Schnitten kann man keine große Genauigkeit verlangen, da die Werkstücke auszuweichen versuchen. Es ist deshalb darauf zu achten, daß jeder Schlichtstahl nur einen dünnen Span wegdreht, oder daß das Werkstück

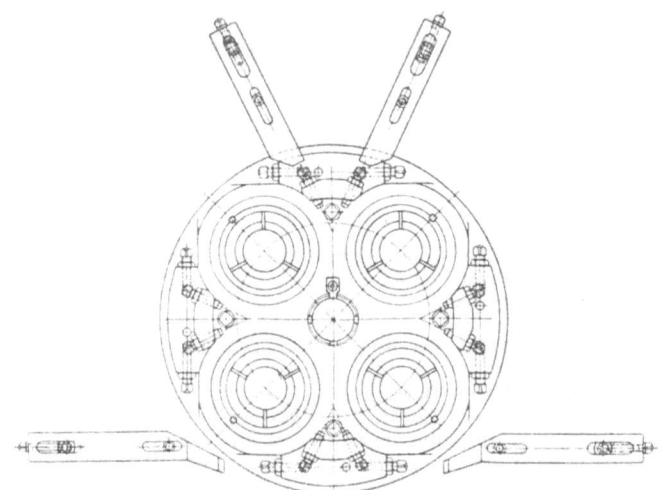

Abb. 68. Anschlagkreuz an einem Vierspindelautomaten zur genauen Endbegrenzung der Querschlittenwege.

durch Gegenführungen mit Rollen abgestützt wird. Nur so erhält man genaue, untereinander gleichmäßige Werkstücke von dem Automaten.

Beim *Einstellen der Maschine* ist jeder Schlitten durch einen Anschlag in seiner Endstellung genau zu begrenzen. Zu diesem Zweck ist an der Spindeltrommel das Anschlagkreuz (Abb. 68) vorgesehen, welches die Schaltbewegung ausführt und zu jeder Werkstückstellung und jeder Werkstückspindel eine Anschlagstelle hat. Beispielsweise hat das Anschlagkreuz eines Vierspindelautomaten mit vier Querschlitten, wie es Abb. 68 zeigt, 16 Anschlagstellen mit je einer Stellschraube, durch welche die Schlittenendstellung festgelegt wird. Die einzelnen Schlitten tragen Anschläge mit gehärteten Einsätzen, die gegen die Anschlagschrauben anlaufen. So ist es möglich, auch in langer Betriebszeit stets gleichmäßige, maßrichtige Werkstücke zu bekommen.

Einteilung der bisher erschienenen Hefte nach Fachgebieten (Fortsetzung)

II. Spangebende Formung (Fortsetzung)

	Heft
Außenräumen. Von A. Schatz	80
Das Schleifen und Polieren der Metalle. 4. Aufl. Von O. Werkmeister	5
Spitzenloses Schleifen. Von W. Hofmann	97
Werkzeugschleifen. Von A. Rottler	94
Das Sägen der Metalle. Von H. Hollaender	40
Die Fräser. 4. Aufl. Von E. Brödner	22
Das Fräsen. 2. Aufl. Von Dipl.-Ing. H. H. Klein	88
Die wirtschaftliche Verwendung von Einspindelautomaten. 2. Aufl. Von H. H. Finkelnburg	81
Die wirtschaftliche Verwendung von Mehrspindelautomaten. 2. Aufl. Von H. H. Finkelnburg	71
Werkzeugeinrichtungen auf Einspindelautomaten. Von F. Petzoldt	83
Werkzeugeinrichtungen auf Mehrspindelautomaten. Von F. Petzoldt. (Im Druck)	95
Maschinen und Werkzeuge für die spangebende Holzbearbeitung. Von H. Wichmann	78

III. Spanlose Formung

Freiformschmiede I (Grundlagen, Werkstoff der Schmiede, Technologie des Schmiedens). 3. Aufl. Von F. W. Duesing und A. Stodt	11
Freiformschmiede II (Schmiedebeispiele). 2. Aufl. Von B. Preuss und A. Stodt	12
Freiformschmiede III (Einrichtung und Werkzeuge der Schmiede). 2. Aufl. Von A. Stodt	56
Gesenkschmieden von Stahl I (Gestaltung von Schmiedestücken und Schmiedewerkzeugen). 3. Aufl. Von H. Kaessberg. (Im Druck)	31
Gesenkschmieden von Stahl II (Herstellung und Behandlung der Werkzeuge). Von H. Kaessberg	58
Das Pressen und Gesenkschmieden der Nichteisenmetalle. 2. Aufl. Von Czempiel und C. Haase. (Im Druck)	41
Die Herstellung roher Schrauben I (Austauschen der Köpfe). Von J. Berger	39
Stanztechnik I (Schnittechnik). 2. Aufl. Von E. Krabbe	44
Stanztechnik II (Die Bauteile des Schnittes). 2. Aufl. Von E. Krabbe	57
Stanztechnik III (Grundsätze für den Aufbau von Schnittwerkzeugen). Von E. Krabbe	59
Stanztechnik IV (Formstanzen). 3. Aufl. Von W. Sellin	60
Die Ziehtechnik in der Blechbearbeitung. 3. Aufl. Von W. Sellin	25
Hydraulische Preßanlagen für die Kunstharzverarbeitung. Von H. Lindner	82

IV. Schweißen, Löten, Gießerei

Die neueren Schweißverfahren. 6. Aufl. Von P. Schimpke	13
Das Lichtbogenschweißen. 3. Aufl. Von E. Klosse	43
Praktische Regeln für den Elektroschweißer. 2. Aufl. Von R. Hesse	74
Widerstandsschweißen. 2. Aufl. Von W. Fahrenbach. (Im Druck)	73
Das Schweißen der Leichtmetalle. 2. Aufl. Von Th. Ricken	85
Das Löten. 3. Aufl. Von W. Burstyn	28
Das ABC für den Modellbau. Von E. Kadlec	72
Modelltischlerei I (Allgemeines, einfachere Modelle). 2. Aufl. Von R. Löwer	14
Modelltischlerei II (Beispiele von Modellen und Schablonen zum Formen). 2. Aufl. Von R. Löwer	17
Modell- und Modellplattenherstellung für die Maschinenformerei. Von Fr. und Fe. Brobeck	37
Der Gießerei-Schachtofen im Aufbau und Betrieb. 3. Aufl. von „Kupolofen-Betrieb". Von Joh. Mehrtens	10
Handformerei. Von F. Naumann	70
Maschinenformerei. Von U. Lohse †. 2. Aufl. von H. Allendorf (Im Druck)	66
Formsandaufbereitung und Gußputzerei. Von U. Lohse	68

V. Antriebe, Getriebe, Vorrichtungen

Der Elektromotor für die Werkzeugmaschine. Von O. Weidling	54
Hohe Drehzahlen durch Schnellfrequenz-Antrieb. Von F. Beinert und H. Birett	84

(Fortsetzung 4. Umschlagseite)

MIX
Papier aus verantwortungsvollen Quellen
Paper from responsible sources
FSC® C105338

If you have any concerns about our products,
you can contact us on
ProductSafety@springernature.com

In case Publisher is established outside the EU,
the EU authorized representative is:
**Springer Nature Customer Service Center GmbH
Europaplatz 3, 69115 Heidelberg, Germany**

Printed by Libri Plureos GmbH
in Hamburg, Germany